CRISTALES LÍQUIDOS
Aplicaciones farmacéuticas y cosméticas

Cristales Líquidos

Aplicaciones farmacéuticas y cosméticas

Ricardo Conrado Pasquali

JORGE SARMIENTO EDITOR - UNIVERSITAS LIBROS

JORGE SARMIENTO EDITOR - UNIVERSITAS LIBROS

Diseño Interior: Mac Auliffe, Daniela
Diseño de tapa: Ruiz, Sandra - Sarmiento, Jorge

El cuidado de la presente edición estuvo a cargo de
Sandra Ruiz y *Jorge Sarmiento*

ISBN: 978-987-572-808-0

Hecho el depósito que marca la ley 11.723.

Impreso en Argentina

A mi esposa, Susana Becerra,
y mis hijas Sabrina y Giselle

JORGE SARMIENTO EDITOR - UNIVERSITAS LIBROS

ÍNDICE

I

Historia del Estudio de los Cristales Líquidos Liotrópicos

En 1855, el oftalmólogo alemán Carl Friedric Mettenheimer notó que la mielina (Figura 1.1), el material que recubre las fibras nerviosas, presentaba bajo el microscopio polarizante y, a pesar de fluir como un líquido, coloridas figuras de interferencia que hasta entonces sólo habían sido observadas en los sólidos cristalinos, exceptuados los del sistema cúbico. Sin saberlo, Mettenheimer fue la primera persona que observó una de las más típicas características de los CRISTALES LÍQUIDOS: la birrefringencia, el fenómeno óptico por el cual un haz de luz se descompone en dos rayos polarizados perpendicularmente entre sí al pasar por un material cristalino (Pasquali, 1999).

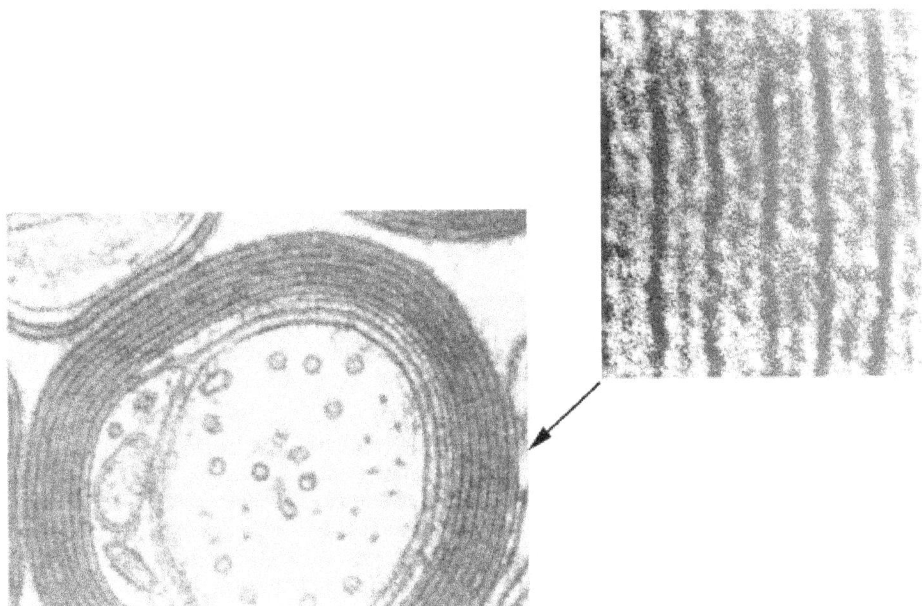

Figura 1.1. Microfotografía electrónica de un corte a través de un axón mielinizado (abajo). Detalle de la vaina de mielina (arriba) (modificado de Morell y Norton, 1980, y de Mateu, 1987).

El uso del microscopio con platina calentable, que luego fue adicionado de polarizadores, permitió realizar importantes avances en el estudio de este particular estado de la materia.

Este microscopio, inventado por el físico alemán Otto Lehmann (Figuras 1.2 y 1.3), permite regular la temperatura de la muestra y determinar, por ejemplo, su punto de fusión.

Figura 1.2. Retrato del físico alemán Otto Lehmann (tomado de Sluckin, Dunmur y Stegemeyer, 2004)..

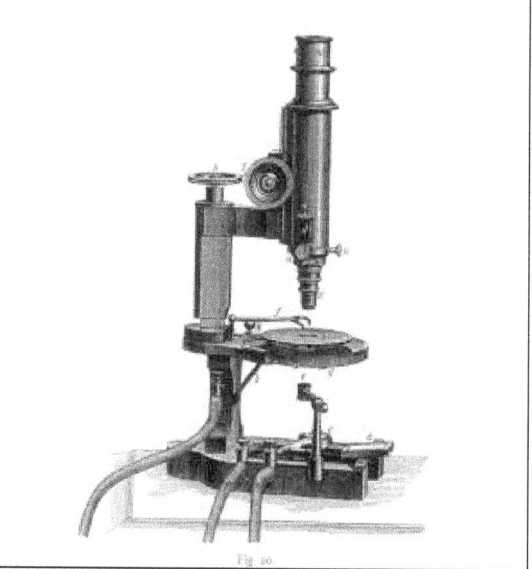

Figura 1.3. Microscopio polarizante de platina calentable usado por Lehmann (tomado de Sluckin, Dunmur y Stegemeyer, 2004)..

En 1888, el botánico austriaco Friedrich Reinitzer (Figura 1.4) sintetizó en Praga al benzoato de colesterilo (Figura 1.5) a partir del colesterol. Al intentar determinar el punto de fusión de esta sustancia observó un extraño fenómeno: el benzoato de colesterilo parecía poseer dos temperaturas de fusión. Así, a 145,5 ºC sus cristales blancos se fundían para dar un líquido turbio, que se volvía transparente a 178,5 ºC. Por enfriamiento aparecían colores violeta y azul, que desaparecían rápidamente dando un fluido turbio con aspecto similar al de la leche. Por posterior enfriamiento, los colores violeta y azul reaparecían por poco tiempo y, finalmente, se obtenía una masa cristalina blanca (Lehmann, 1889).

$$\text{benzoato de colesterilo sólido} \underset{}{\overset{145{,}5\ ^\circ C}{\rightleftharpoons}} \text{líquido turbio} \overset{178{,}5\ ^\circ C}{\rightleftharpoons} \text{líquido transparente}$$

Figura 1.4. Retrato del botánico austriaco Friedrich Reinitzer (tomado de Sluckin, Dunmur y Stegemeyer, 2004).

El 14 de marzo de 1888, Reinitzer incluyó parte de su muestra de benzoato de colesterilo en una carta que dirigió a Lehmann (Figura 1.6). Al observarla bajo el microscopio polarizante, Lehmann descubrió que el líquido turbio daba inesperadas figuras de interferencia al cruzar los polarizadores. Esto no sucedía con los líquidos normales, con los cuales el campo del microscopio aparecía negro con los polarizadores cruzados. Un efecto óptico similar había sido descrito por Lehmann en ese mismo año para el acetato y el benzoato de hidrocaroteno.

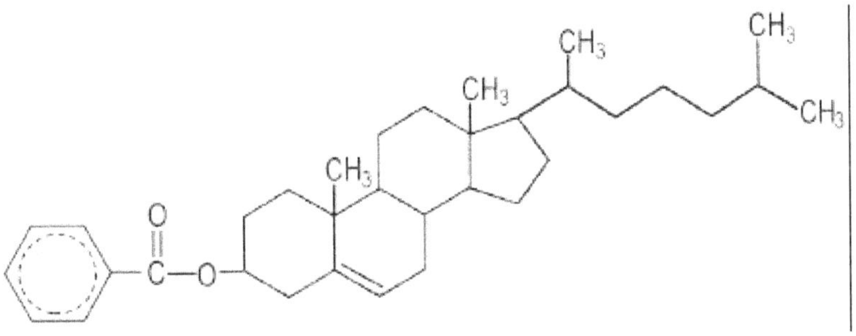

Figura 1.5. Fórmula del benzoato de colesterilo, la sustancia en la que se descubrió el estado líquido cristalino.

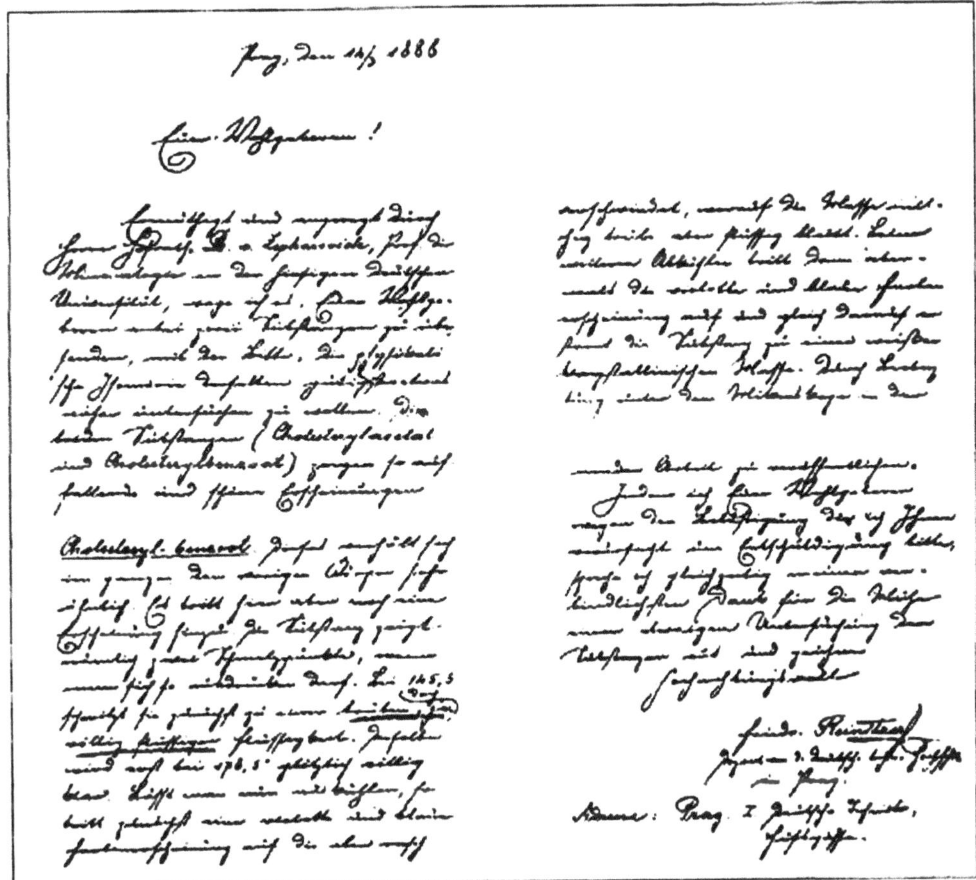

Figura 1.6. Carta de Reinitzer del 14 de marzo de 1888 dirigida a Lehmann (tomado de Sluckin, Dunmur y Stegemeyer, 2004).

Los dos científicos trabajaron atareadamente entre marzo y abril de 1888 discutiendo sus observaciones y tratando de determinar si esta extraña fase intermedia era un líquido o un cristal. Para fines de agosto de 1889, Lehmann concluyó que estaban frente a unos "cristales muy blandos" a los que llamó cristales líquidos (*fliessende kristalle*) (Figura 1.7) (Lehmann, 1889; Sluckin, Dunmur y Stegemeyer, 2004).

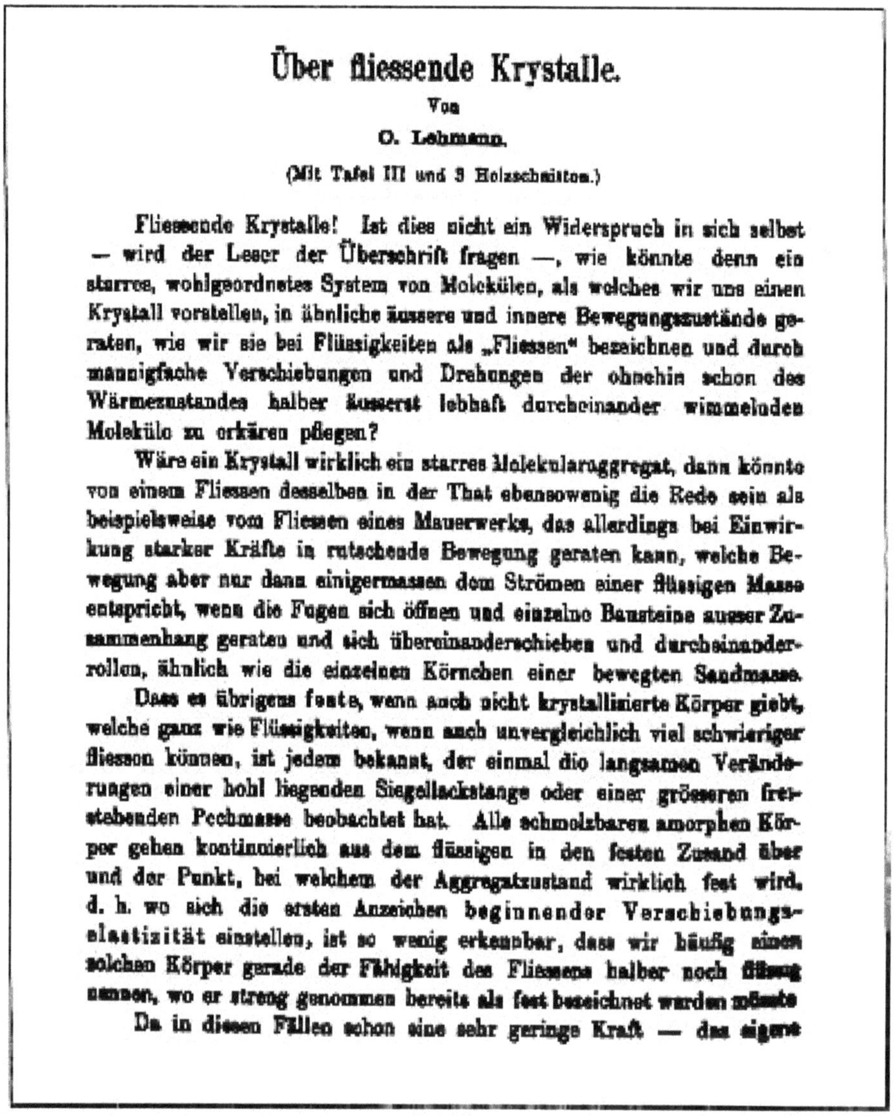

Über fliessende Krystalle.

Von

O. Lehmann.

(Mit Tafel III und 3 Holzschnitten.)

Fliessende Krystalle! Ist dies nicht ein Widerspruch in sich selbst — wird der Leser der Überschrift fragen —, wie könnte denn ein starres, wohlgeordnetes System von Molekülen, als welches wir uns einen Krystall vorstellen, in ähnliche äussere und innere Bewegungszustände geraten, wie wir sie bei Flüssigkeiten als „Fliessen" bezeichnen und durch mannigfache Verschiebungen und Drehungen der ohnehin schon des Wärmezustandes halber äusserst lebhaft durcheinander wimmelnden Moleküle zu erklären pflegen?

Wäre ein Krystall wirklich ein starres Molekularaggregat, dann könnte von einem Fliessen desselben in der That ebensowenig die Rede sein als beispielsweise vom Fliessen eines Mauerwerks, das allerdings bei Einwirkung starker Kräfte in rutschende Bewegung geraten kann, welche Bewegung aber nur dann einigermassen dem Strömen einer flüssigen Masse entspricht, wenn die Fugen sich öffnen und einzelne Bausteine ausser Zusammenhang geraten und sich übereinanderschieben und durcheinanderrollen, ähnlich wie die einzelnen Körnchen einer bewegten Sandmasse.

Dass es übrigens feste, wenn auch nicht krystallisierte Körper giebt, welche ganz wie Flüssigkeiten, wenn auch unvergleichlich viel schwieriger fliessen können, ist jedem bekannt, der einmal die langsamen Veränderungen einer hohl liegenden Siegellackstange oder einer grösseren freistehenden Pechmasse beobachtet hat. Alle schmelzbaren amorphen Körper gehen kontinuierlich aus dem flüssigen in den festen Zustand über und der Punkt, bei welchem der Aggregatzustand wirklich fest wird, d. h. wo sich die ersten Anzeichen beginnender Verschiebungselastizität einstellen, ist so wenig erkennbar, dass wir häufig einen solchen Körper gerade der Fähigkeit des Fliessens halber noch flüssig nennen, wo er streng genommen bereits als fest bezeichnet werden müsste.

Da in diesen Fällen schon eine sehr geringe Kraft — das eigene

Figura 1.7. Primera página del trabajo de Lehmann, publicado en *Zeitschrift für Physikalische Chemie* 4: 462-472 (1889), en el que utiliza por primera vez el término "cristal líquido" (tomado de Sluckin, Dunmur y Stegemeyer, 2004).

El físico alemán Emil Hermann Bose (Figura 1.8), director del Instituto Tecnológico de Danzig, que en 1909 se incorporó a la Universidad Nacional de La Plata como director del Instituto de Física (Andrini y von Reichenbach, 2002; Babini, 1986), presentó en 1908 una teoría sobre los líquidos anisotrópicos (como denominaba a los CRISTALES LÍQUIDOS) a la que se conoce como "teoría de los enjambres" (Bose, 1908; Sluckin, Dunmur y Stegemeyer, 2004; Brown y Shaw, 1957) (Figura 1.9). Debido a que el estado líquido cristalino se presenta en sustancias cuyas moléculas tienen cadenas largas, Bose suponía que éstas tenderían a disponerse paralelamente entre sí. De esta forma se obtendría una serie de grupos o "enjambres", en cada uno de los cuales existirá una orientación más o menos definida, pero la disposición en un enjambre no será necesariamente paralela a la de otro. De acuerdo con la teoría de Bose, un cristal líquido se puede considerar similar a una masa de cristales pequeños; en cada cristal hay una orientación definida, pero la distribución de los cristales es caótica (Glasstone, 1979).

Figuran 1.8. Retrato de Emil Bose (gentileza Museo del Departamento de Física de la Facultad de Ciencias Exactas de la Universidad Nacional de La Plata).

Figura 1.9. Estructura de un cristal líquido de acuerdo con la teoría de los enjambres (dibujo del autor).

En 1912, William Henry Bragg (Figura 1.10) y su hijo William Lawrence (Figura 1.11) consiguieron determinar la estructura de muchos sólidos cristalinos mediante la difracción de rayos X. En 1915 obtuvieron el Premio Nobel de Física.

Figura 1.10. Retrato de William Henry Bragg.

Figura 1.11. Retrato de William Lawrence Bragg.

Para explicar los resultados de las mediciones de las propiedades coligativas y conductividades eléctricas de disoluciones acuosas de sales potásicas de ácidos grasos, James William McBain desarrolló a partir de 1913 la hipótesis de que en soluciones acuosas muy diluidas, los jabones se comportan como sales ordinarias y están ionizados en un catión de un metal alcalino y un anión de un ácido graso. A cierta concentración, denominada concentración micelar crítica, los aniones se agregan entre sí formando micelas esféricas iónicas (Figura 1.12) (Glasstone, 1979).

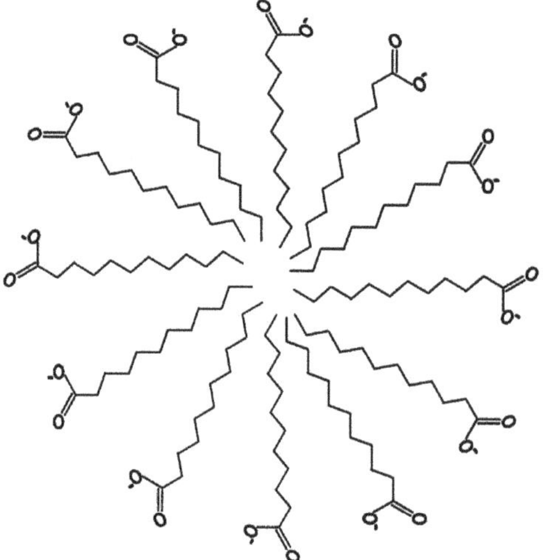

Figura 1.12. Micela esférica en una dispersión acuosa de un jabón.

En 1922, en un extenso trabajo publicado en la revista *Annales de Physique*, Georges Friedel (Figura 1.13) utilizó el término "estado mesomórfico" para designar al estado líquido cristalino (Friedel, 1922; Sluckin, Dunmur y Stegemeyer, 2004). En este trabajo, Friedel clasificó a los "materiales mesomórficos" (cristales líquidos) en esmécticos, nemáticos y colestéricos de acuerdo a sus estructuras moleculares y reconoció que los "cuerpos colestéricos" eran un tipo de "cuerpos nemáticos".

Figura 1.13. Retrato de Georges Friedel
(tomado de Sluckin, Dunmur y Stegemeyer, 2004).

En 1923, McBain (McBain y Hoffman, 1949) sugirió la existencia de un tipo de micela laminar formada por una bicapa de moléculas o aniones de ácidos grasos con la parte lipofílica dirigida hacia el interior y la parte polar hacia fuera de la bicapa (Figura 1.14). A esta clase de micela se la conocía como micela laminar de McBain. El espesor de estas láminas es aproximadamente el doble del largo de la molécula de la sustancia anfifílica.

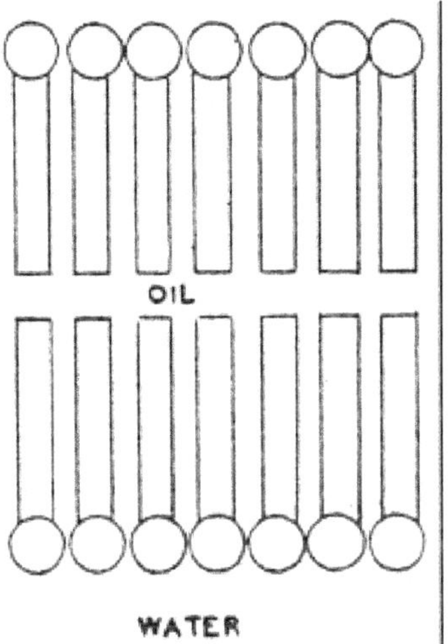

Figura 1.14. Micela laminar, según McBain (modificado de McBain y Hoffman, 1949).

En la década de 1920, McBain y colaboradores realizaron diagramas de fases para sistemas formados por jabones y agua y jabones, agua y sales tales como cloruro de sodio y cloruro de potasio (McBain y Langdon, 1925; McBain y Elford, 1926) (Figura 1.15). En estos diagramas estaban demarcadas las zonas que correspondían a las fases que entonces se denominaban nítida e intermedia, que presentaban anisotropía. La fase nítida, con una alta proporción de jabón, es viscosa, pero fluye por la acción de la gravedad. La fase intermedia, con menor proporción de jabón, no fluye bajo la acción de la gravedad.

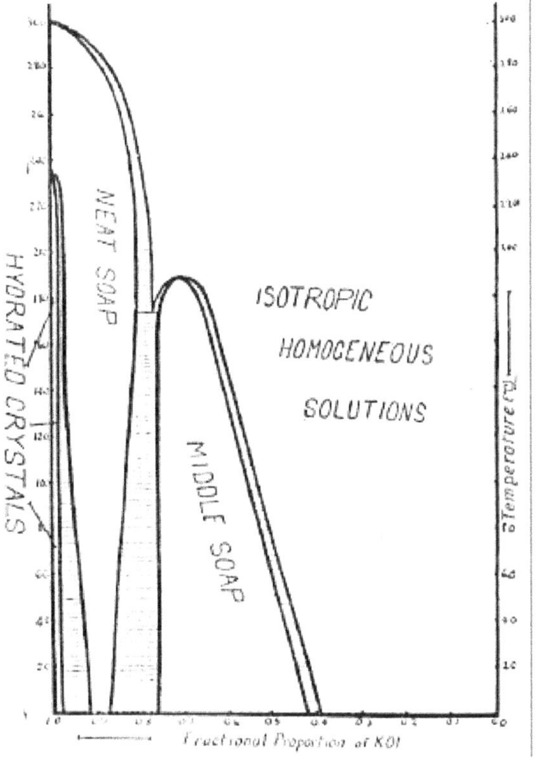

Figura 1.15. Diagrama de fases del sistema oleato de potasio-agua (tomado de McBain y Elford, 1926).

Entre 1937 y 1942, Hess y colaboradores, además de otros investigadores (McBain y Hoffman, 1949), descubrieron, empleando la técnica de difracción de rayos X, que las denominadas micelas laminares podían agruparse en un ordenamiento consistente en una repetición de bicapas separadas por capas de igual espesor de agua (Figura 1.16). Este tipo de estructuras ordenadas, a las que se denominaba micelas de Hess, constituye la fase líquido cristalina laminar que compone la fase nítida (Luzzati, Mustacchi y Skoulios, 1957 y 1958).

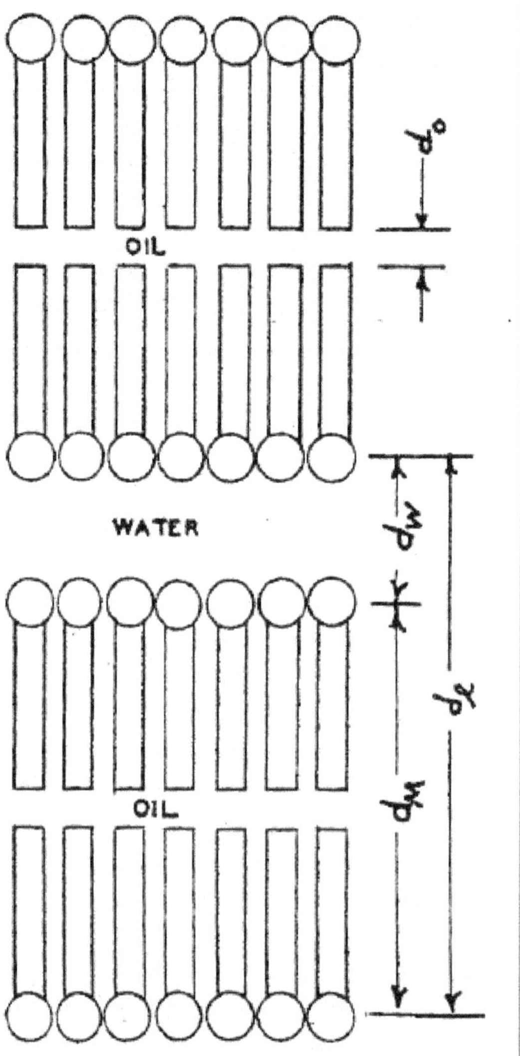

Figura 1.16. Micela de Hess. Corresponde a una fase líquido cristalina denominada laminar (tomado de McBain y Hoffman, 1949).

En la década de 1940, Hughes sugirió (sin publicarlo) que en soluciones acuosas concentradas de laurato de potasio se formaba un nuevo tipo de agrupación micelar que consistía de micelas alargadas ordenadas con una simetría hexagonal (McBain y Hoffman, 1949). La prueba definitiva del ordenamiento hexagonal fue obtenida por McBain y Marsden para ciertas dispersiones anisotrópicas de ácido laurilsulfónico (McBain y Hoffman, 1949). A este tipo de ordenamiento de micelas de sustancias anfifílicas, que en las dispersiones acuosas de jabones forman la denominada fase intermedia, actualmente se la conoce como fase líquido cristalina hexagonal normal (Figura 1.17).

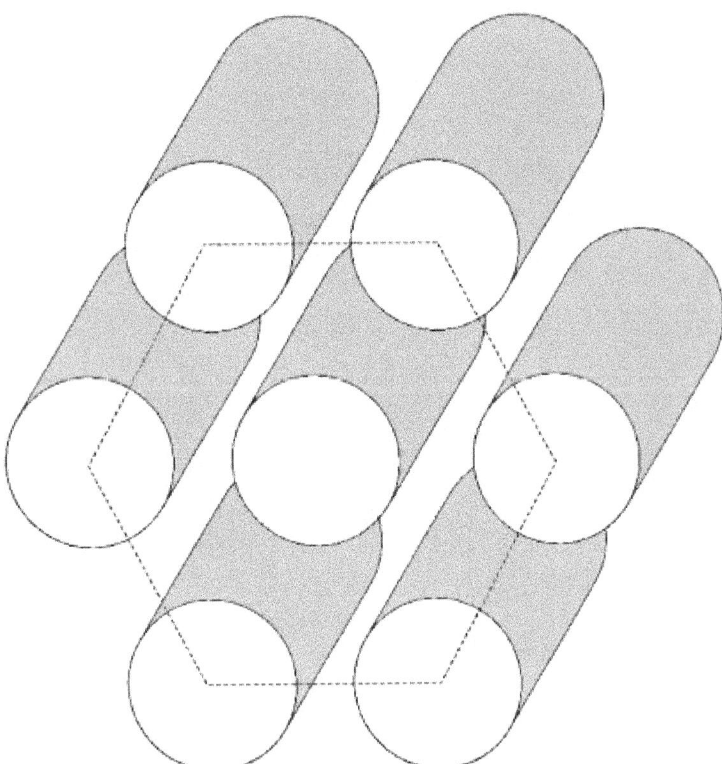

Figura 1.17. Micelas cilíndricas con un empaquetamiento hexagonal presentes en lo que se denominaba jabón intermedio (actualmente fase hexagonal normal) (dibujo del autor).

La fase nítida, con una alta proporción de jabón, es viscosa, pero fluye por la acción de la gravedad. La fase intermedia, con menor proporción de jabón, no fluye bajo la acción de la gravedad. A estas fases actualmente se las conocen, respectivamente, como laminar y hexagonal normal.

En 1954, F. B. Rosevear (1954) publicó un trabajo en el cual presentó las diferentes texturas que presentan las fases nítida e intermedia al microscopio polarizante. Esta publicación todavía sigue siendo de utilidad en la identificación de esas fases líquido cristalinas.

En 1957, Vittorio Luzzati, H. Mustacchi y Antoine Skoulios (1957) determinaron la estructura de las fases líquido cristalinas presentes en las fases nítida e intermedia de los sistemas formados por jabones y agua (Figura 1.18). Empleando la técnica de difracción de rayos X, estos investigadores demostraron que la fase intermedia está formada por cilindros paralelos entre sí con un ordenamiento hexagonal, como indicaban los estudios de otros autores. Con los resultados obtenidos pudieron calcular el diámetro de los cilindros, que es prácticamente independiente de la concentración del jabón y muy cercano al doble del largo de la molécula. También pudieron cuantificar la separación entre los cilindros, que aumenta con la dilución del jabón. En la fase nítida encontraron que el espesor de las bicapas es prácticamente constante y que el espesor de la capa de agua que separa a dos bicapas aumenta con la dilución. En un trabajo publicado al año siguiente, Luzzati, Mustacchi y Skoulios (1958) anunciaron el descubrimiento de nuevas fases líquido cristalinas en dispersiones de jabones en agua: la fase hexagonal compleja, la cúbica y la que denominaron jabón intermedio deformado.

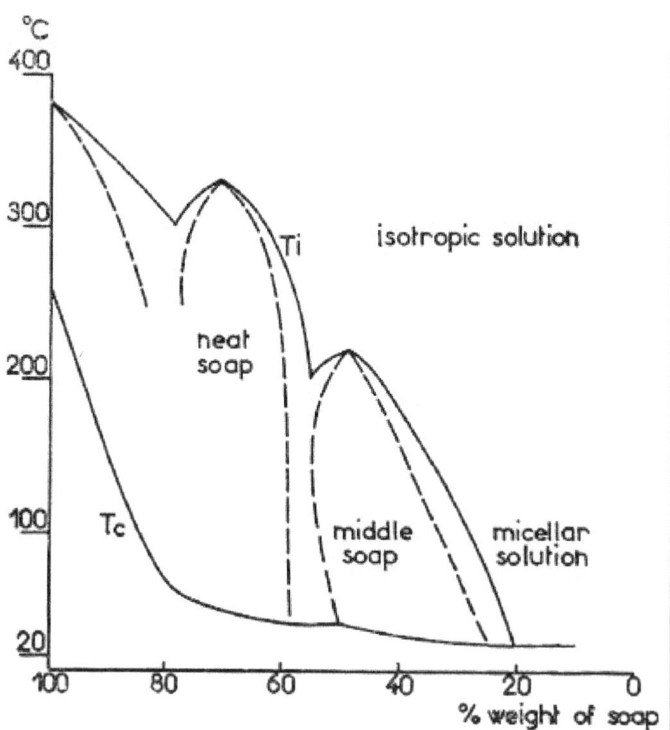

Figura 1.18. Diagrama de fases del sistema palmitato de potasio-agua obtenido por Luzzati, Mustacchi y Skoulios (1957 y 1958).

Vittorio Luzzati (Figura 1.19) nació en Génova en 1923. Emigró en 1938 a la Argentina y en 1947 se recibió de Ingeniero Industrial en la Universidad de Buenos Aires. En ese mismo año se radicó en Francia y en 1951 obtuvo el título de Doctor en Ciencias Físicas en la Universidad de París. Desde 1993 es Investigador Científico Emérito en *el Centre de Génétique Moléculaire du CNRS*, Gif-sur-Yvette, donde se desempeña desde 1963.

Figura 1.19. Vittorio Luzzati (foto gentileza de Luzzati).

En 1971, Stig Friberg (Figura 1.20) (Friberg, 1971), del Instituto Sueco de Química de Superficies, demostró experimentalmente que las emulsiones líquido cristalinas son más estables que las convencionales.

Figura 1.20. Stig Friberg.

También en 1971, L. E. Scriven, de la *University of Minnesota*, propuso que la simetría cúbica que se presenta en ciertos cristales líquidos podía ser atribuida a estructuras bicontinuas (Scriven, 1971). A diferencia de otras estructuras líquido cristalinas, que poseen una fase continua y otra discontinua, en las bicontinuas ambas fases son continuas.

A partir de la década de 1980 se desarrollaron sistemas líquido cristalinos de liberación sostenida de principios activos. Las fases líquido cristalinas más estudiadas con este fin fueron las cúbicas.

En 1984, los investigadores japoneses Toshiyuki Suzuki, Hisao Tsutsumi y Atsuo Ishida, de la empresa Kao Corporation, anunciaron la preparación de emulsiones líquido cristalinas en las que había formación de unos agregados de gotitas, a las que denominaron gotas secundarias, rodeados de una estructura de cristal líquido (Figura 1.21). La presencia de gotas secundarias permite obtener emulsiones muy estables con una menor viscosidad que las emulsiones formadas por gotas simples.

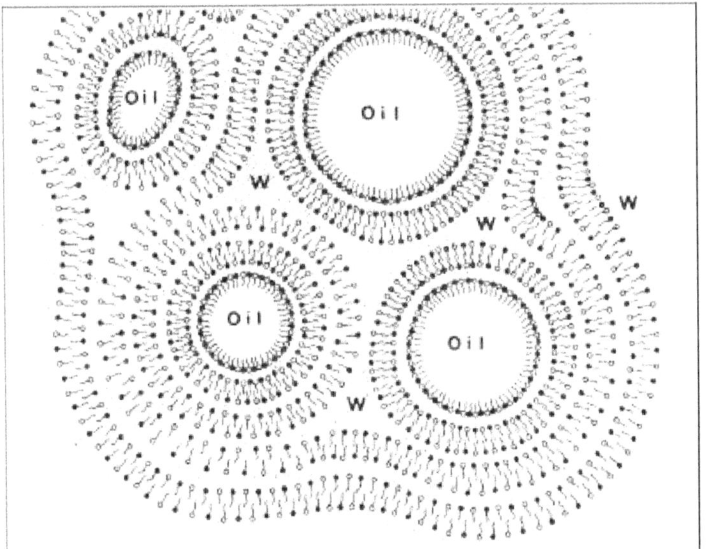

Figura 1.21. Estructura de una gota secundaria (tomado de Suzuki, Tsutsumi y Ishida, 1984).

En 1989, S. T. Hyde, del Departamento de Matemáticas Aplicada de la *Australian National University*, publicó un trabajo sobre la microestructura de las fases cúbicas bicontinuas (Hyde, 1989).

En 2001, la Unión Internacional para la Química Pura y Aplicada (IUPAC) publicó las primeras recomendaciones sobre definiciones de términos básicos relativos a CRISTALES LÍQUIDOS. Estas recomendaciones fueron redactadas por el químico argentino Máximo Barón, integrante de la Comisión de Nomenclatura Macromolecular del IUPAC (Barón, 2001).

Máximo Barón nació en Posadas, Misiones, en 1929. En 1954 obtuvo el título de Licenciado en Química en la Facultad de Ciencias Exactas y Naturales de la Universidad de Buenos Aires y en ese mismo año se doctoró. Entre 1968 y 1995 se desempeñó como Profesor de Física Experimental y Molecular de esa Facultad. Entre 1995 y 2003 fue Miembro Titular y Secretario de la Comisión de Nomenclatura Macromolecular del IUPAC. Actualmente investiga en efectos magnetoópticos en cristales líquidos en la Universidad de Belgrano, donde es Coordinador de Investigaciones.

Bibliografía

ANDRINI, L., von Reichenbach, C. 2002. Investigación y difusión de la física a principios del siglo XX. Todo es Historia, 425: 36-45.

BABINI, J. 1986. "Historia de la ciencia en la Argentina". Ediciones Solar, Buenos Aires, 273 pp.

BARÓN, M. 2001. Definitions of basic terms relating to low-molar-mass and polymer liquid crystals. Pure and Applied Chemistry, 73 (5): 845-895.

BOSE, E. 1908. Zur Theorie der anisotropen Flüssigkeiten. Physikalische Zeitschrift, 9: 708-713.

BROWN, G. H., SHAW, W. G. 1957. The mesomorphic state. Chemical Reviews, 57: 1049-1156.

FRIBERG, S. 1971. Liquid crystalline phases in emulsions. Journal of Colloid and Interface Science, 37 (2): 291-295.

FRIEDEL, G. 1922. Les états mésomorphes de la matière. Annales de Physique, 18: 273–474.

GLASSTONE, S. 1979. "Tratado de Química Física". Aguilar, cuarta reimpresión de la séptima edición Madrid, 1180 pp.

HYDE, S. T. 1989. Microstructure of bicontinuous surfactant aggregates. The Journal of Physical Chemistry, 93: 1458-1464.

LEHMANN, O. 1889. Über fliessende krystalle. Zeitschrift für Physikalische Chemie, 4: 462-472.

LUZZATI, V., MUSTACCHI, H., SKOULIOS, A. 1957. Structure of the liquid-crystal phases of the soap-water system: middle soap and neat soap. Nature, 180: 600-601.

LUZZATI, V., MUSTACCHI, H., SKOULIOS, A. 1958. The structure of the liquid-crystal phases of some soap + water systems. Discussions of the Faraday Society, 25: 43-50.

MATEU, L. 1987. La mielina. Investigación y Ciencia, 131: 83-93.

MCBAIN, J. W., ELFORD, W. J. 1926. The equilibria underlying the soap-boiling processes. The system potassium oleate-potassium chlorhide-water. Journal of the Chemical Society, Part 1: 421-438.

MCBAIN, J. W., HOFFMAN, O. A.1949. Lamellar and other micelles, and solubilization by soaps and detergents. Journal of Physical Colloid Chemistry, 53: 39-55.

MCBAIN, J. W., LANGDON, G. M. 1925. The equilibria underlying the soap-boiling processes. Pure sodium palmitate. Journal of the Chemical Society, 127 (1): 852-870.

MORELL, P., NORTON, W. T. 1980. Mielina. Investigación y Ciencia, 46: 52-64.

PASQUALI, R. 1999. Los cristales líquidos, el cuarto estado de la materia. Educación en Ciencias, 3 (7): 55-64.

ROSEVEAR, F. B. 1954. The microscopy of the liquid crystalline neat and middle phases of soaps and synthetic detergents. The Journal of the American Oil Chemists´Society, 31: 628-639.

SCRIVEN, L. E. 1976. Equilibrium bicontinuous structure. Nature, 263: 123–125.

SLUCKIN, T. J., DUNMUR, D. A., STEGEMEYER, H. 2004. "Crystals that flow. Classic papers from the history of liquid crystals". Taylor & Francis Inc, New York, pp. 42-53; 90-99 y 162-211.

II

Definiciones y Clasificación De Los Cristales Líquidos

Estado mesomórfico

De acuerdo con el IUPAC (Barón, 2001; Barón y Stepto, 2002), un estado mesomórfico es un estado de la materia en el cual el grado de ordenamiento molecular es intermedio entre el perfectamente ordenado en tres dimensiones y de largo alcance en cuanto a orientación y posición que se encuentra en los sólidos cristalinos y la ausencia de un ordenamiento de largo alcance que se encuentra en los líquidos isotrópicos, gases y sólidos amorfos.

Estado líquido cristalino

El IUPAC (Barón, 2001; Barón y Stepto, 2002) define al estado líquido cristalino como un estado mesomórfico que posee un ordenamiento de largo alcance en lo que respecta a la orientación molecular y un ordenamiento parcial, o bien un desorden total, en lo referente a la posición de las moléculas.

El término "estado mesomórfico" tiene un significado más general que el de "estado líquido cristalino", pero generalmente ambos son utilizados como sinónimos. El IUPAC (Barón, 2001; Barón y Stepto, 2002) recomienda utilizar este término para describir a cristales que poseen un desorden en cuanto a orientación, cristales con moléculas con conformaciones al azar, cristales plásticos y cristales líquidos. Al compuesto que puede existir en un estado mesomórfico generalmente es llamado compuesto mesomórfico. Una sustancia vítrea que se presenta en el estado mesomórfico es llamada vidrio mesomórfico.

En el estado líquido cristalino, una sustancia combina las propiedades de un líquido (como la fluidez y la capacidad de formar gotas) y de un sólido cristalino (como anisotropía de algunas propiedades físicas). Este estado de la materia se presenta entre el estado sólido cristalino y entre el líquido isotrópico al variar, por ejemplo, la temperatura (Figura 2.1).

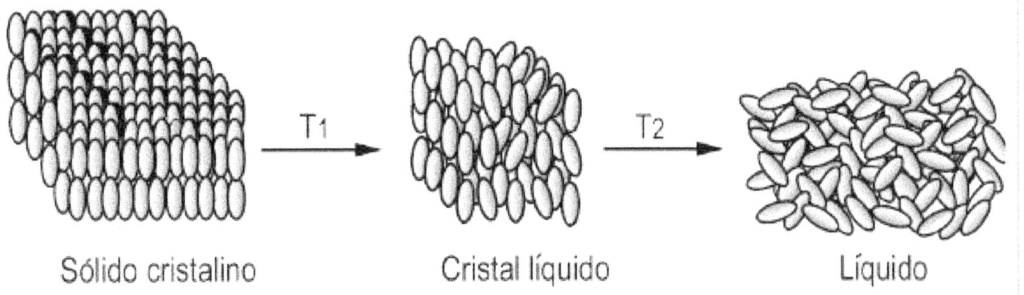

Figura 2.1. Los cristales líquidos poseen un ordenamiento intermedio entre el de los sólidos cristalinos y los líquidos ordinarios.

Los cuerpos anisotrópicos son aquellos en los cuales los valores numéricos de ciertas propiedades físicas, tales como la velocidad de la luz, el índice de refracción, la dureza y la conductividad eléctrica, dependen de la dirección en que son medidas. A esta categoría pertenecen los sólidos cristalinos (excepto los que cristalizan en el sistema cúbico) y los cristales líquidos que no poseen un ordenamiento cúbico. Los líquidos ordinarios, los sólidos amorfos y los cristalinos que cristalizan en el sistema cúbico son cuerpos isotrópicos, ya que los valores numéricos de esas propiedades físicas son independientes de la dirección en que son medidas. Así, por ejemplo, el índice de refracción del cuarzo, que cristaliza en el sistema hexagonal, para la línea D del sodio varía entre 1,544 y 1,553 (Hurlbut, 1980) de acuerdo a la dirección en que se propaga la luz dentro del cristal (Figura 2.2). En cambio, en los cristales de cloruro de sodio, que cristaliza en el sistema cúbico, el índice de refracción para esa línea del espectro posee el valor constante de 1,544 (Hurlbut, 1980).

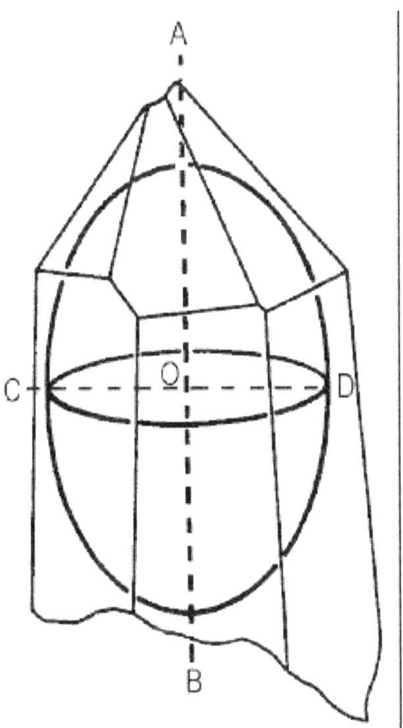

Figura 2.2. Variación del índice de refracción con la dirección en un cristal de cuarzo. En el plano que contiene a los puntos ABC y D, el índice de refracción está representado por el segmento que une el centro del cristal (punto O) con la elipse. En los planos perpendiculares al anterior, el cuarzo se comporta como isotrópico (modificado de Phillips, 1971).

Clasificación de los CRISTALES LÍQUIDOS

Las fases líquido cristalinas se clasifican en dos grandes grupos: termotrópicas y liotrópicas.

Las fases termotrópicas se presentan en ciertas sustancias, como el benzoato de colesterilo, en un cierto rango de temperatura. El nombre de estos cristales líquidos proviene de las palabras griegas *θε΄ρμε* (thérme) y *τρο΄πος* (trópos), que significan, respectivamente, calor y dirección.

Las fases liotrópicas se presentan en un cierto rango de temperatura cuando ciertas sustancias se dispersan en un líquido. Para una temperatura fija, este tipo de cristal líquido aparece en un cierto intervalo de concentración. El nombre deriva del latín *lyo*, que significa desleír. Los sistemas liotrópicos más comunes están constituidos por dispersiones de tensioactivos en agua. Aparece en sistemas biológicos, en los que las sustancias dispersadas son fosfolípidos, colesterol y sales biliares.

CRISTALES LÍQUIDOS termotrópicos

Entre las principales fases termotrópicas están (Barón, 2001): nemática, nemática quiral o colestérica, fase azul, esmécticas, nemática discoidal y discoidal columnar.

Fase nemática

El nombre de esta fase, que fue propuesto por Friedel (1922), deriva del griego *νημα* (nema), que significa hilo, ya que suele presentar, cuando se observa al microscopio polarizante, unas líneas con aspecto de hilos. Estas líneas representan discontinuidades entre regiones ordenadas (los grupos de la teoría de los enjambres) (Lister y Birgeneau, 1982; Verbit, 1972) (Figura 2.3).

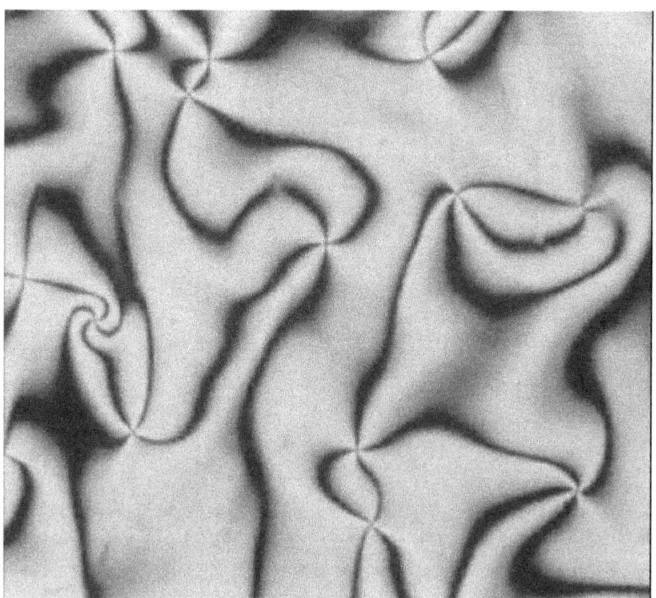

Figura 2.3. Fase nemática vista al microscopio polarizante.
Las líneas representan discontinuidades entre regiones ordenadas (tomado de Templer y Attard, 1991).

En la fase nemática, la distribución espacial de los centros de masa carece de un ordenamiento posicional de largo alcance y las moléculas están, en promedio, ordenadas en cuanto a su orientación alrededor de un eje común, al que se conoce como director, que se representa por el vector unitario ***n*** (Barón, 2001) (Figura 2.4). Esta fase es la más desordenada entre las termotrópicas.

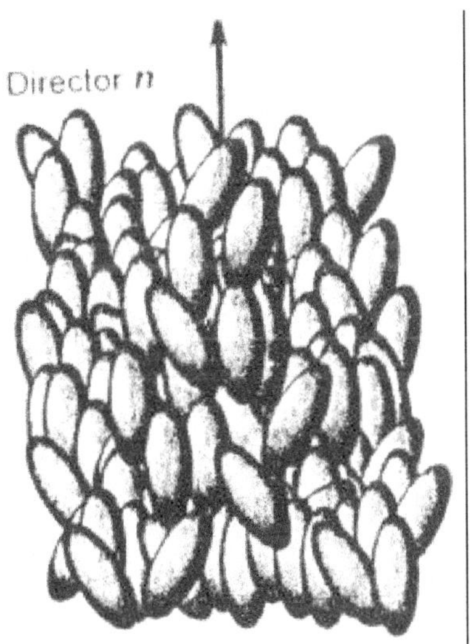

Figura 2.4. Estructura de la fase nemática (tomado de Barón, 2001).

La variación de entalpía que se produce en la transición de la fase nemática a la líquido isotrópica está comprendida entre 0,4 y 4 kJ/mol (Brown, 1983). Este bajo valor de la variación de entalpía, ΔH, y, por lo tanto, de la variación de entropía, $\Delta H / T$, es una consecuencia del poco ordenamiento a nivel molecular que posee la fase nemática, algo mayor que el de un líquido isotrópico.

Las moléculas de las sustancias que presentan la fase nemática pueden tener forma cilíndrica o discoidal. La dirección promedio del eje de simetría de las moléculas coincide con la dirección del director (Barón, 2001).

Los símbolos recomendados por el IUPAC para representar a la fase nemática son N o Nu. El segundo símbolo indica que esta fase es uniáxica (posee un solo eje óptico). Desde el punto de vista cristalográfico, la estructura nemática está caracterizada por el grupo de puntos $D\infty h$ en la notación debida al alemán Arthur Moritz Schönflies (Hurlbut, 1980) y ∞ / mm en el Sistema Internacional (Barón, 2001).

Un ejemplo de una sustancia que presenta la fase nemática es la *para*-metoxi-bencilideno-*para*-*n*-butilanilina (MBBA) (Figura 2.5). La temperatura correspondiente a la transición de la fase sólida cristalina a la nemática es de 18 ºC y de la nemática a la líquido es de 40 ºC (Verbit, 1972). Brown (1983) da valores algo diferentes: 21 ºC para la primera transición y 47 ºC para la segunda. El largo de esta molécula es de unos 2 nm y el diámetro 0,7 nm (Brown, 1983).

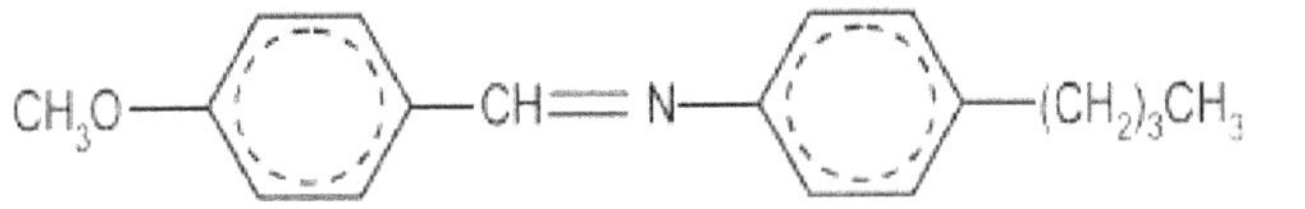

CH_3O—⬡—CH═N—⬡—$(CH_2)_3CH_3$

Figura 2.5. Fórmula de la *para*-metoxi-bencilideno-*para*-*n*-butilanilina (MBBA).

Fase nemática quiral o colestérica

El nombre fase colestérica se debe al hecho de que varios derivados del colesterol, tales como el benzoato y el nonanoato de colesterilo, presentan esta fase en un cierto rango de temperatura.

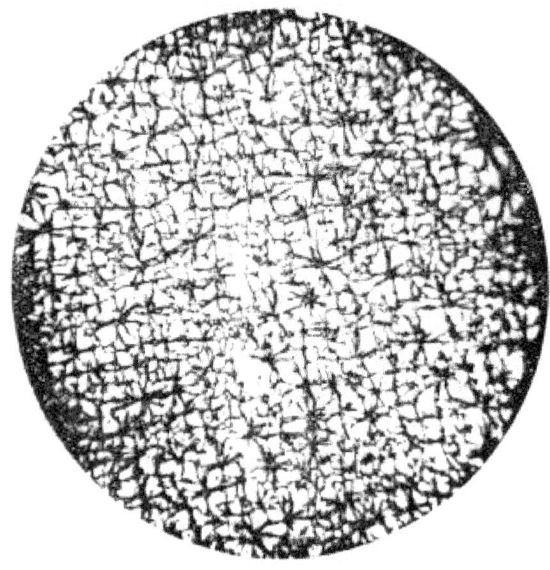

Figura 2.6. Cristal líquido nemático quiral observado al microscopio polarizante (tomado de Friedel, 1922).

En la fase nemática quiral (Figura 2.6), el director describe una hélice (Figura 2.7). Está constituida por moléculas quirales, alargadas o discoidales. El símbolo recomendado por el IUPAC para representar a esta fase es N* (Barón, 2001).

Las moléculas se disponen en capas, dentro de cada una de las cuales la estructura es similar a la de la fase nemática. El vector director de una capa está desplazado un cierto ángulo con respecto a los directores de las capas adyacentes, de forma tal que varía periódicamente a lo largo del eje Z. Para un giro de 360 grados del director corresponde una longitud o avance de la hélice (el paso de la hélice) comprendida entre 0,2 y 20 micrómetros.

Las moléculas de los derivados del colesterol son prácticamente planas, y los grupos metilo se proyectan fuera de cada capa, lo que interfiere en el acomodamiento molecular en capas adyacentes, produciendo en las mismas el desplazamiento de los ejes longitudinales de las moléculas (Fergason, 1964).

Cuando incide luz monocromática no polarizada, de una cierta longitud de onda, sobre la superficie de un cristal líquido nemático quiral, se separa en dos componentes polarizadas circularmente en sentidos opuestos: una es totalmente reflejada y la otra es totalmente transmitida (Fergason, 1964) (Figura 2.8). A este fenómeno se lo denomina dicroísmo circular. La longitud de onda a la que se produce este efecto depende del avance de la hélice, que a su vez es función de la composición química del cristal líquido, del ángulo de incidencia de la luz, de la temperatura, de los esfuerzos mecánicos a que se somete al cristal líquido y de la presencia de trazas de solventes orgánicos. Si la luz que incide sobre la superficie del cristal líquido es blanca y no está polarizada, se produce la reflexión con polarización circular para una sola de las longitudes de onda. El color reflejado dependerá de los factores que modifican el avance de la hélice. Muchas de las aplicaciones de los cristales líquidos nemáticos quirales derivan de la dependencia de su color con la temperatura, razón por la cual se los denominan termotrópicos.

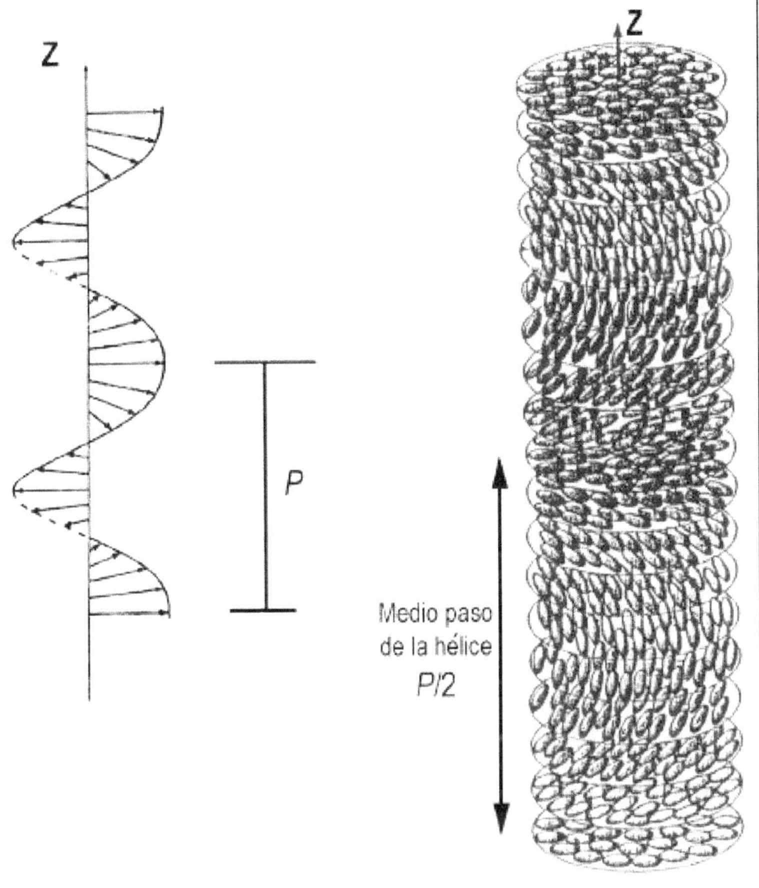

Figura 2.7. Estructura de la fase nemática quiral (modificado de Barón, 2001).

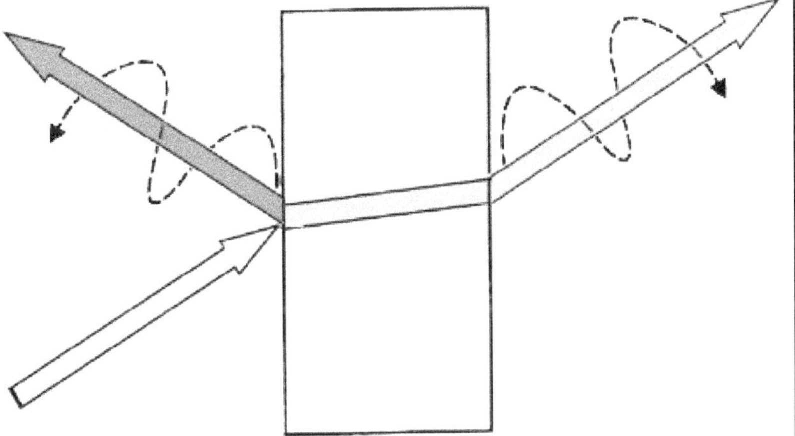

Figura 2.8. Dicroísmo circular (dibujo del autor).

Otra propiedad importante que la fase nemática quiral comparte con la azul es la actividad óptica. Si un haz de luz polarizada linealmente es transmitida en forma perpendicular a las capas moleculares, la dirección del vector eléctrico de la luz es rotado hacia la izquierda del observador, describiendo una hélice. Los cristales líquidos nemático quirales rotan el plano de polarización de la luz hasta mucho más de 18.000 grados por milímetro, que corresponde a 50 rotaciones por milímetro, valor que depende de la composición química del cristal líquido, de la longitud de onda de la luz y de la temperatura. El poder rotatorio de los sólidos y líquidos ordinarios es mucho menor. Por ejemplo, empleando la luz amarilla de la lámpara de sodio, el poder rotatorio del cuarzo es de sólo 21,7 grados (que equivale a 0,06 rotaciones) por milímetro (Fergason, 1964).

Si a un cristal líquido nemático quiral se lo somete a la acción de un campo eléctrico de cierta intensidad se destruye su estructura y desaparece la actividad óptica. Este comportamiento se aprovecha en las pantallas de los relojes digitales, calculadoras y computadoras.

Fase azul

La fase azul posee una distribución espacial tridimensional de estructuras helicoidales con un ordenamiento cúbico (Figura 2.9). El símbolo recomendado por el IUPAC para esta fase es BP.

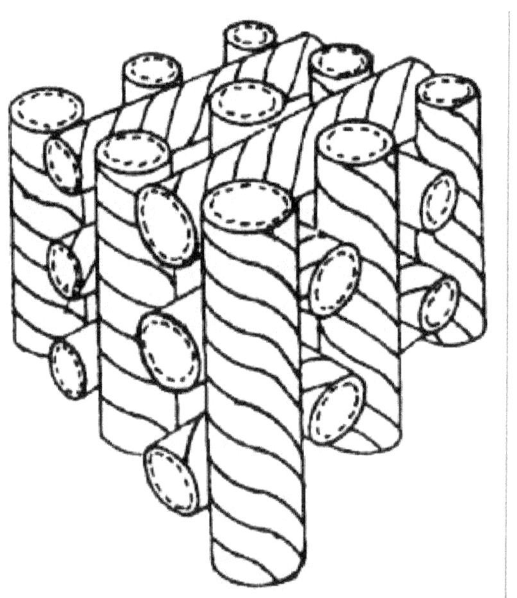

Figura 2.9. Posible estructura de una fase azul (tomado de Barón, 2001).

El nombre "fase azul" deriva del hecho que posee reflexión de Bragg para la luz azul. Se presenta en sustancias que tienen una fase nemática quiral con un paso de la hélice menor que unos 0,7 micrómetros y aparece en un estrecho rango de temperatura entre las fases nemática quiral y líquido ordinaria (Brown, 1983).

Las fases azules son ópticamente activas e isotrópicas, debido a que poseen un ordenamiento cúbico.

Fases esmécticas

En las fases esmécticas las moléculas están ordenadas en capas con un espaciado o periodicidad bien definido. El símbolo recomendado por el IUPAC para estas fases es Sm (Barón, 2001). El nombre "esméctico" deriva del griego σμηγμα (smegma), que significa jabón (Friedel, 1922), ya que esta fase fue estudiada por Friedel inicialmente en dos jabones: oleato de amonio y oleato de potasio.

Hay varios tipos de fases esmécticas, caracterizadas por una variedad de ordenamientos moleculares dentro de las capas. Las fases más conocidas son: SmA, SmB, SmC, SmF y SmI. El orden alfabético de los sufijos indica el orden en que fueron descubiertas.

Las fases esmécticas pueden ser estructuradas y no estructuradas, diferenciándose en el ordenamiento dentro de las capas. Las fases estructuradas poseen en cada capa un ordenamiento molecular bidimensional, mientras que en las no estructuradas las moléculas de cada capa se agrupan en forma desordenada.

En algunas estructuras esmécticas las moléculas se disponen perpendicularmente a las capas (esmécticas ortogonales) y en otras formando un ángulo diferente de 90 grados (esmécticas oblicuas o inclinadas).

Fases esmécticas con capas no estructuradas

En esta categoría están incluidas las fases esmécticas A, C y C quiral.

FASE ESMÉCTICA A. Las moléculas se disponen en capas paralelas, dentro de las cuales el eje longitudinal de las moléculas tiende a ser perpendicular. Los planos de las capas y los centros de masa de las moléculas no tienen un ordenamiento posicional de largo alcance (Barón, 2001) (Figura 2.10).

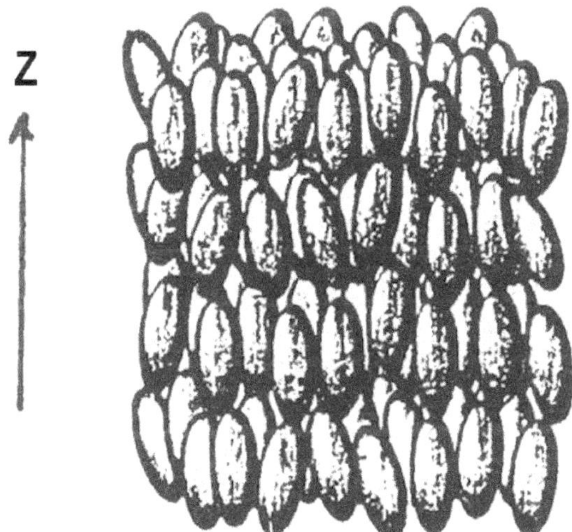

Figura 2.10. Estructura de la fase esméctica A (tomado de Barón, 2001).

Cada capa se aproxima a un líquido bidimensional. El sistema es ópticamente uniáxico y el eje óptico, Z, es normal a los planos de las capas. El grupo de puntos de esta fase se simboliza como $D_{\infty h}$ en la notación de Schoenflies y $\infty/2$ en el Sistema Internacional (Barón, 2001). La fase liotrópica equivalente a la esméctica A es la laminar.

Figura 2.11. Textura de la fase esméctica A al microscopio polarizante (tomado de Brown, 1983).

FASE ESMÉCTICA C. La fase esméctica C es análoga a la esméctica A. Se diferencia en que el director está inclinado con respecto a la normal a las capas (Figura 2.12).

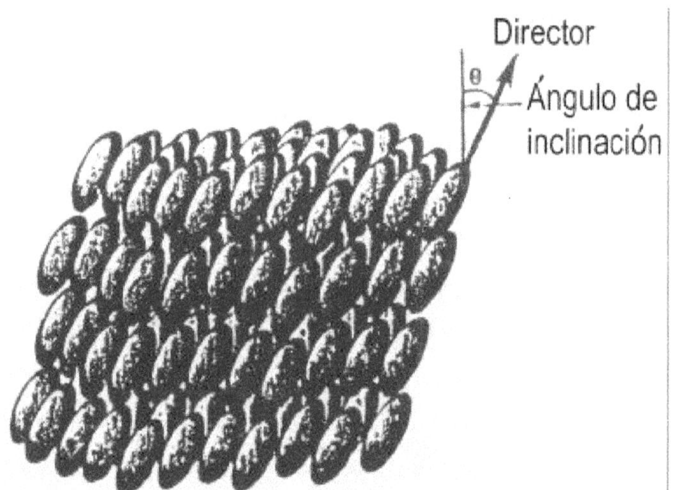

Figura 2.12. Estructura de la fase esméctica C (tomado de Barón, 2001).

Las propiedades físicas de la fase esméctica C corresponden a un cristal biáxico. Posee una simetría monoclínica caracterizada por el grupo de puntos C_{2h} en la notación de Schoenflies y t 2/m en el Sistema Internacional (Barón, 2001).

FASE ESMÉCTICA C QUIRAL. La fase esméctica C quiral es una fase esméctica C en la cual la dirección del director en cada capa está rotado un cierto ángulo con respecto con la precedente de forma tal que se forma una estructura helicoidal de un paso constante (Figura 2.13). El símbolo para esta fase es SmC*. La fase esméctica C quiral está formada por sustancias quirales o mezclas que contienen sustancias quirales. Se la conoce también como fase esméctica C quiral ferro-eléctrica (Barón, 2001).

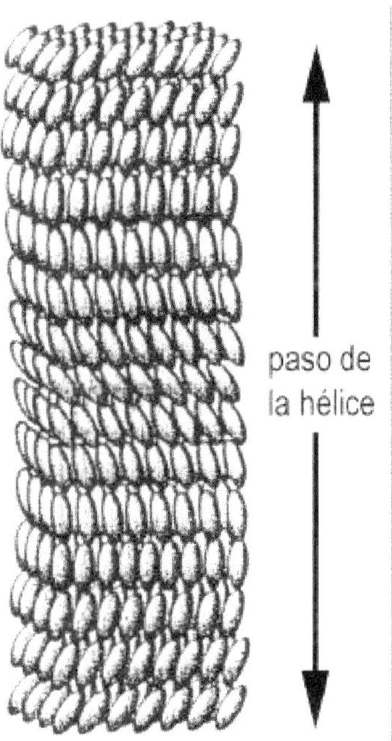

Figura 2.13. Estructura de la fase esméctica C quiral (modificado de Barón, 2001).

Fases esmécticas con capas con ordenamiento hexagonal

Esta categoría incluye a las fases esmécticas B, F e I.

FASE ESMÉCTICA B. Es una fase esméctica con capas con ordenamiento hexagonal en la cual el director es perpendicular a las capas y que posee un ordenamiento hexagonal de largo alcance (Figura 2.14). El IUPAC la simboliza como SmB. El ordenamiento posicional de las moléculas se mantiene a distancias de algunas decenas de nanómetros. La estructura de la fase esméctica con capas con ordenamiento hexagonal está caracterizada por el grupo de puntos D_{6h} en la notación de Schoenflies (Barón, 2001).

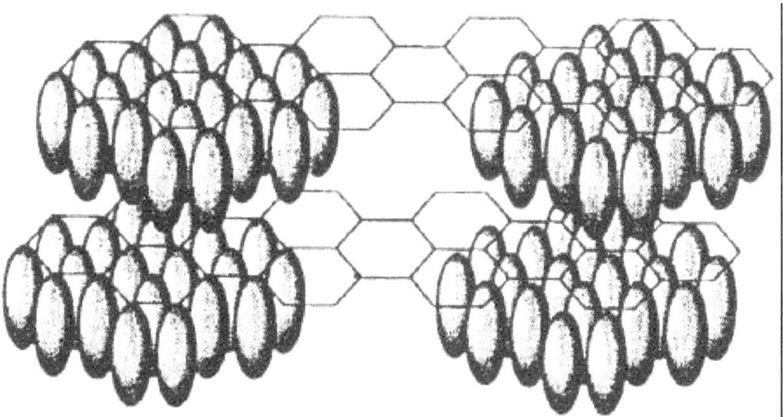

Figura 2.14. Estructura de la fase esméctica B (tomado de Barón, 2001).

FASE ESMÉCTICA F. Es una fase esméctica con capas con ordenamiento hexagonal cuya estructura se puede considerar como una celda monoclínica con centro de simetría con un acomodamiento hexagonal de las moléculas con un director inclinado, con respecto a la normal a las capas, hacia los lados de los hexágonos (Figura 2.15). El símbolo recomendado por el IUPAC para esta fase es SmF y a su estructura le corresponde el grupo de puntos C_{2h} (2/m) en la notación de Schoenflies y t/2m en el Sistema Internacional. La fase esméctica F es biáxica.

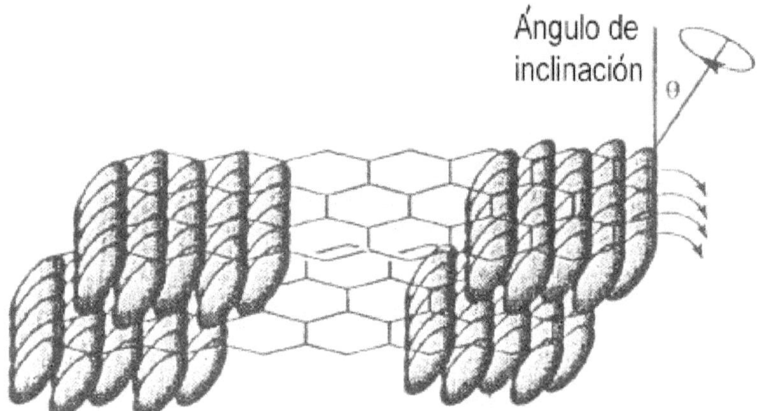

Figura 2.15. Estructura de la fase esméctica F (modificado de Barón, 2001).

FASE ESMÉCTICA I. Es una fase esméctica con capas con ordenamiento hexagonal cuya estructura se puede considerar como una celda monoclínica con centro de simetría con un acomodamiento hexagonal de las moléculas con un director inclinado, con respecto a la normal a las capas, hacia los vértices de los hexágonos (Figura 2.16). El símbolo recomendado por el IUPAC para esta fase es SmI. La fase esméctica I es biáxica (Barón, 2001).

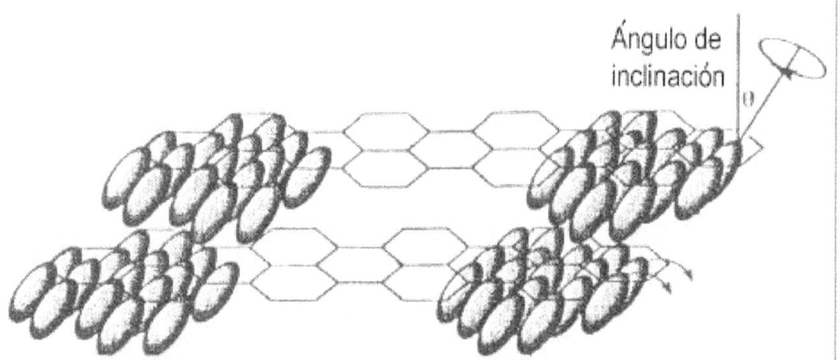

Figura 2.16. Estructura de la fase esméctica I (modificado de Barón, 2001).

Fases con moléculas discoidales

Este grupo incluye a la fase nemática discoidal y a la fase columnar.

FASE NEMÁTICA DISCOIDAL. Es una fase nemática en la cual moléculas con forma de disco, o porciones de macromoléculas con forma de disco, tienden a alinearse con sus ejes de simetría paralelos entre sí y tienen una distribución espacial de sus centros de masas al azar (Figura 2.17). El símbolo que recomienda el IUPAC para esta fase es N, el mismo que para la fase nemática (Barón, 2001).

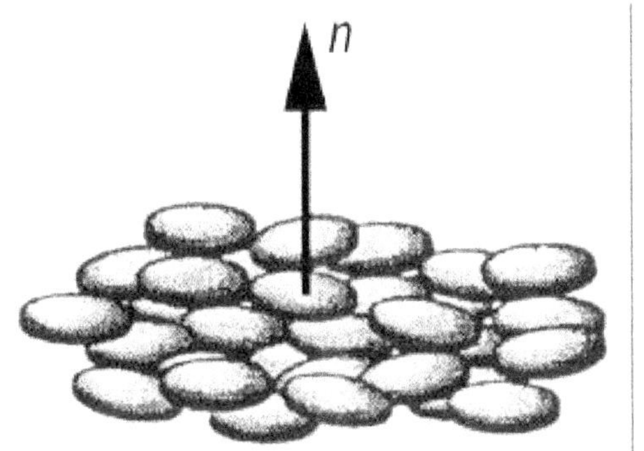

Figura 2.17. Fase nemática discoidal (tomado de Barón, 2001).

FASE COLUMNAR. Es una fase en la que moléculas con forma de disco, partes de macromoléculas con forma de disco, o moléculas con forma de cuña se disponen en columnas paralelas entre sí en una red bidimensional , pero sin correlaciones de largo alcance en cuanto a posición a lo largo de las columnas.

Una de las fases columnares es la columnar hexagonal, que está caracterizada por un acomodamiento hexagonal de las columnas moleculares (Figura 2.18). El símbolo recomendado por el IUPAC para esta fase es Col_h. El equivalente liotrópico de esta fase son las fases hexagonales normal e inversa (Barón, 2001).

Figura 2.18. Estructura de la fase columnar hexagonal (tomado de Barón, 2001).

Cristales líquidos liotrópicos

Estructuras con ordenamiento de largo alcance

Las fases liotrópicas fueron clasificadas en 1968 de la siguiente manera por Luzzati de acuerdo al tipo de ordenamiento de largo alcance que poseen (Luzzati y Tardieu, 1974): L para los reticulados en una dimensión (laminares); H para los reticulados hexagonales en dos dimensiones; P para los reticulados bidimensionales oblicuos o rectangulares; T, R y Q para los reticulados tridimensionales rectangular, romboédrico y cúbico respectivamente. Posteriormente (Seddon y Templer, 1995) se utilizó el símbolo L para otros reticulados laminares: cristal laminar en tres dimensiones (L_c) y cristal laminar en dos dimensiones $\left(L_c^{2D}\right)$.

Estructuras con ordenamiento de corto alcance

En estos casos el ordenamiento se manifiesta a cortas distancias, medidas en escala atómica. Las cadenas hidrocarbonadas pueden adoptar distintas conformaciones, que dependen de la temperatura y del contenido de agua. Las más comunes son las siguientes:

Conformación similar a la de los líquidos (tipo α). Este tipo de conformación es altamente desordenada, similar a la de los alcanos en estado líquido, pero la orientación promedio es perpendicular a la interfase agua-sustancia anfifílica. La orientación perpendicular a la interfase es más pronunciada a medida que el área por grupo polar decrece (Luzzati y Tardieu, 1974). Esta área toma un valor máximo para agregados esféricos normales (Tanford, 1972; Pasquali, Bregni y Serrao, 2005) y mínimo para los agregados esféricos inversos, en los cuales las cadenas hidrocarbonadas están dirigidas hacia el exterior.

La suposición de que se trata de una conformación desordenada se basa en varios argumentos, tales como:

a) la observación de una banda difusa para un espaciado de 0,46 nanómetro en los diagramas de difracción de rayos X, que es idéntico al de los alcanos líquidos (Luzzati y Tardieu, 1974; Luzzati, Mustacchi y Skoulios, 1957 y 1958; Luzzati et al., 1960) (Figura 2.19).

b) Si se tienen en cuenta consideraciones geométricas básicas, en las fases no laminares las cadenas hidrocarbonadas deben tener formas irregulares para llenar uniformemente los volúmenes disponibles (Luzzati y Tardieu, 1974).

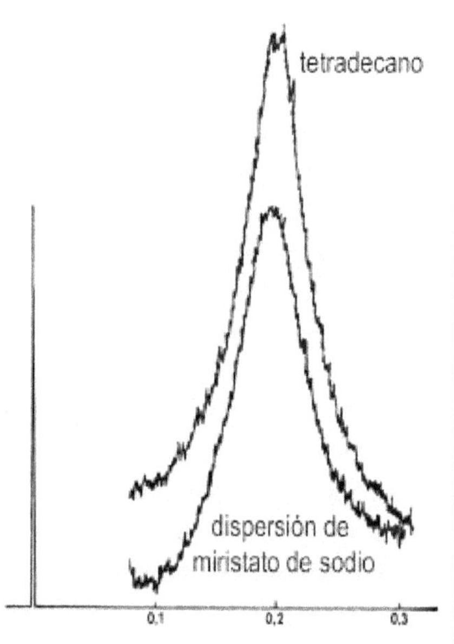

Figura 2.19. Densitogramas de imágenes de difracción de rayos X
de una dispersión de miristato de sodio y de tetradecano, ambos a 100 °C (modificado de Luzzati et al., 1960)

Cadenas elongadas con libre rotación (tipos β y β'): En esta conformación, las cadenas hidrocarbonadas, que se encuentran completamente elongadas, se disponen en un retículo bidimensional hexagonal (o casi hexagonal) de 0,48 nanómetro de lado con un alto grado de desorden rotacional. En algunos casos las cadenas están orientadas en ángulos rectos con respecto a los planos de las láminas (tipo β), mientras que en otros están inclinadas (tipo β') (Luzzati y Tardieu, 1974).

Cadenas con un enrollamiento helicoidal (tipo δ): Las cadenas hidrocarbonadas se encuentran enrolladas, posiblemente formando hélices, las que se disponen en un retículo bidimensional cuadrado de 0,48 nanómetro de lado y presentan un desorden rotacional (Luzzati y Tardieu, 1974).

Conformaciones mixtas (tipos γ y $\alpha\beta$): En algunas fases, la conformación de la cadena es heterogénea y se observan dominios de diferentes tipos de conformación quc involucran a cadenas enteras o parte de una cadena. Esta conformación es muy común en los lípidos con cadenas de diferente composición. La proporción de cadenas en cada una de las conformaciones puede estar fijada por la simetría del retículo (tipo) o variar con la temperatura y la concentración (tipo $\alpha\beta$) (Luzzati y Tardieu, 1974).

Tipos de fases liotrópicas

Las fases liotrópicas conocidas, además de las sólidas y geles relacionadas, y la forma en que se simbolizan son las siguientes (Seddon y Templer, 1995):

- Cristal laminar en tres dimensiones (L_c).
- Cristal laminar en dos dimensiones (L_c^{2D}).
- Gel laminar de cadenas hidrocarbonadas ortogonales a las capas (L_β).
- Gel laminar de cadenas hidrocarbonadas inclinadas $(L_{\beta'})$.
- Gel entrelazado $(L_{\beta I})$.
- Gel parcial $(L_{\alpha\beta})$.
- Fase laminar de acomodamiento cuadrado, con cadenas enrolladas en forma de hélice (L_δ).
- Fase gel ondulada $(P_{B'})$.
- Bandas con cadenas con un acomodamiento $\delta(P_\delta)$.
- Fase laminar fluida (L_α).
- Hexagonal (*H*).
- Hexagonal compleja (H^c).
- Rectangular (*R*).
- Oblicua (*M*).
- Cúbica (*Q*).

- Tetragonal (*T*).
- Rombohédrica (*Rh*).

A continuación se detallan las principales características de las fases líquido cristalinas liotrópicas y de las fases gel asociadas.

GELES LAMINARES. En la fase gel (L_β), las cadenas hidrocarbonadas se disponen perpendicularmente a las capas, con un área disponible para los grupos polares cercano a 0,2 nm^2 por cadena. La fase $(L_{\beta'})$ es la versión inclinada de la (L_β) (Figura 2.20).

La inclinación de las cadenas hidrocarbonadas surge del acomodamiento de las moléculas que poseen grupos polares con áreas transversales elevadas.

En la fase gel ondulada $(P_{\beta'})$, las láminas se deforman con una modulación periódica.

En las fosfatidilcolinas anhidras se observa una inusual fase, L_δ, en la cual las cadenas están enroscadas en hélices y dispuestas en un retículo bidimensional cuadrado. Los grupos polares también están dispuestos en un retículo bidimensional cuadrado y, además, están orientados perpendicularmente a las capas, entrelazados con aquellos de la bicapa vecina yuxtapuesta. En las fosfatidilcolinas anhidras también se encuentra una fase estrechamente relacionada con la anterior, la P_δ, en la cual las cadenas hidrocarbonadas tienen una conformación δ y las bicapas se presentan en bandas dispuestas en un retículo bidimensional rectangular.

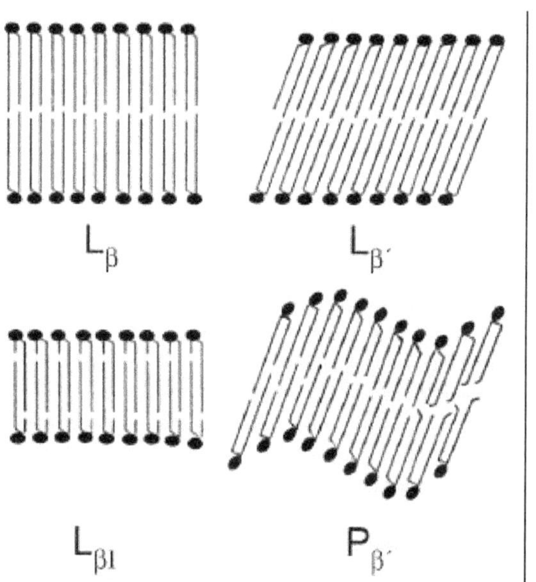

Figura 2.20. Fases gel (modificado de Seddon y Templer, 1995).

FASE LAMINAR FLUIDA. Al calentar la fase gel por encima de una cierta temperatura generalmente se convierte en la fase laminar fluida (L_α) (Figura 2.21). En esta transformación, las cadenas hidrocarbonadas experimentan un proceso semejante al de una fusión y adquieren una conformación similar a la de los hidrocarburos líquidos (Figura 2.22). En algunos lípidos, la fase gel pasa por calentamiento a una fase no laminar, como la hexagonal inversa (H_{II}) (Marsh y Seddon, 1982) o una de las cúbicas (Seddon y Templer, 1995).

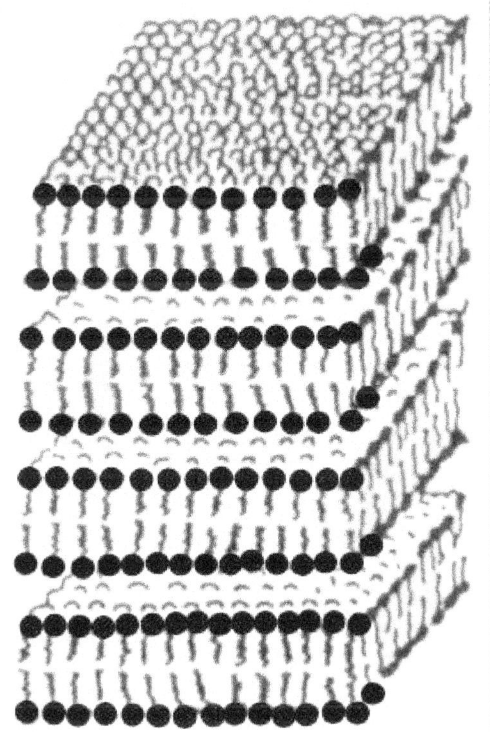

Figura 2.21. Estructura de la fase laminar (dibujo del autor).

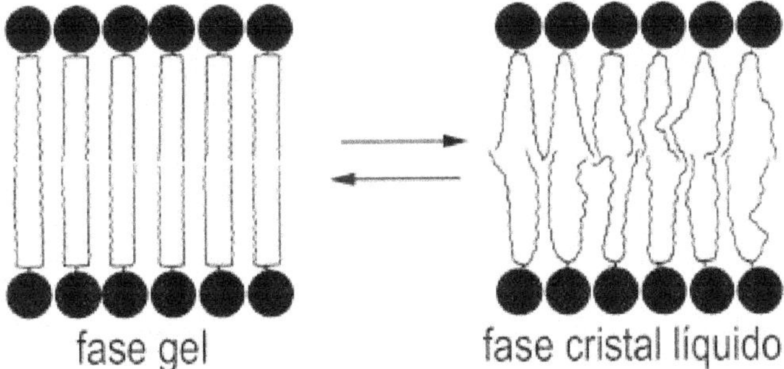

Figura 2.22. Transición gel-cristal líquido (modificado de Gómez-Fernández y Goñi, 1983).

La estructura en capas de la fase laminar se puede observar con microscopio electrónico preparando la muestra por la técnica de criofractura (Hyde, 2001). El espesor de las bicapas es cercano a la longitud máxima de las cadenas hidrocarbonadas. Por agregado de agua, la fase laminar se dilata (Seddon y Templer, 1995).

En la fase laminar, el área disponible para los grupos polares es prácticamente independiente de la naturaleza de la sustancia anfifílica e igual a 0,21 nm^2 por cada cadena hidrocarbonada (Pasquali, Bregni y Serrao, 2005; Tanford, 1972).

Esta fase líquido cristalina se caracteriza por su relativa fluidez, a pesar de poseer una elevada proporción de tensioactivo, lo que permite su bombeo en instalaciones industriales (Rosevear, 1968).

La fase laminar es birrefringente y su único eje óptico (dirección a la cual no presenta birrefringencia) es perpendicular a las capas (Burducea, 2004; Rosevear, 1954; Winsor, 1968).

Esta fase liotrópica aparece en la interfase de las emulsiones (Friberg, 1971; Klein, 2002; Eccleston, 1990). Cuanto mayores son las características líquido cristalinas de una emulsión, mayor es su estabilidad, ya que de esta forma se mantienen separados entre sí a los glóbulos que constituyen la fase dispersa.

FASES FLUIDAS BIDIMENSIONALES. Las fases fluidas bidimensionales se forman a partir de agregados de sustancias anfifílicas con forma de cilindros de largo indefinido, aunque no siempre es necesario que la sección transversal sea circular. Las más simples y mejor conocidas de estas fases son la hexagonal normal (H_I) y la hexagonal inversa (H_{II}).

FASE HEXAGONAL NORMAL. La fase hexagonal normal (Figura 2.23) está constituida por micelas cilíndricas dispuestas en un retículo bidimensional hexagonal y el agua forma una fase continua que llena el espacio entre los cilindros (Luzzati, Mustacchi y Skoulios, 1957 y 1958).

Los cristales líquidos pertenecientes a esta categoría se caracterizan por no fluir bajo la acción de la gravedad, pero si se los somete a un esfuerzo de corte suficientemente grande, lo hacen plásticamente (Rosevear, 1968). A pesar de su alta viscosidad, contienen una proporción de tensioactivo menor que la fase laminar.

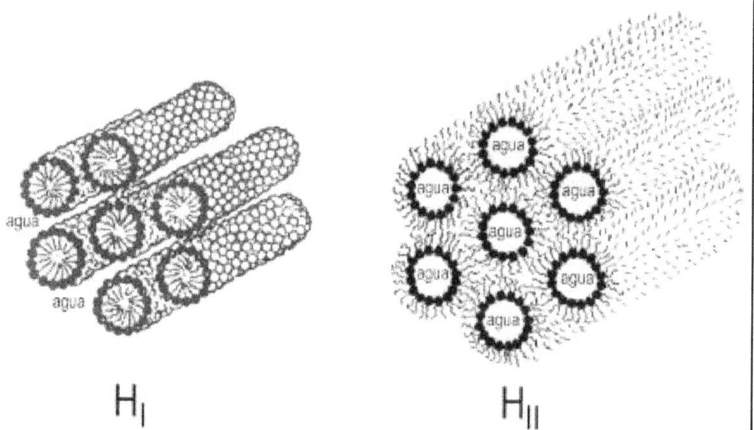

Figura 2.23. Estructuras de las fases hexagonal (H_I) y hexagonal inversa (H_{II}).

FASE HEXAGONAL INVERSA. La fase hexagonal inversa (Figura 2.23) contiene núcleos de agua rodeados por los grupos polares de las moléculas o iones de las sustancias anfifílicas, con el volumen restante ocupado completamente por las cadenas hidrocarbonadas que presentan una conformación similar a la de los alcanos líquidos. Esta fase es muy común en fosfolípidos tales como fosfatidiletanolaminas que tienen grupos polares pequeños, poco hidratados y que poseen interacciones de atracción entre sí. También se observó en sistemas formados por fosfolípidos hidratados y otras sustancias anfifílicas, tales como mezclas de fosfatidilcolina y ácidos grasos (Marsh y Seddon, 1982).

FASES FLUIDAS TRIDIMENSIONALES. La mayor parte de las fases fluidas tridimensionales conocidas poseen una simetría cúbica, aunque en algunos sistemas formados por lípidos poco hidratados se detectaron fases inversas de simetrías romboédrica, tetragonal y ortorrómbica (Seddon y Templer, 1995).

FASES CÚBICAS. Las fases cúbicas poseen una viscosidad muy elevada y no presentan birrefringencia.

Existen dos familias de fases cúbicas: bicontinuas y micelares (Luzzati, 1997). Las fases bicontinuas están basadas en superficies mínimas periódicas, mientras que las micelares en acomodamientos complejos o agregados micelares discretos. Las superficies mínimas son aquellas en las cuales la curvatura media (ver más adelante) es igual a cero (Schwarz y Gompper, 1999). Ambos tipos de fases cúbicas pueden ser normales o inversas.

En los diagramas de fase, las fases bicontinuas se encuentran entre las zonas correspondientes a las fases laminar y hexagonal (Hyde, 1996). Se clasifican en tipo I y tipo II. Las fases bicontinuas tipo I consisten de una bicapa inversa en cuyo interior se encuentra el agua, mientras que las del tipo II poseen una bicapa normal cuyo espesor es aproximadamente el doble de la longitud de la cadena hidrocarbonada extendida, que separa a los dominios polares (Hyde, 2001). Desde el punto de vista matemático, las fases cúbicas bicontinuas derivan de ciertas superficies mínimas, a las que se designan como G, D y P. La fase cúbica bicontinua más estable es la denominada Ia3d o Q^{230}, en la cual la superficie mínima es la del tipo G (giroide) (Schwarz y Gompper, 1999). Las otras fases bicontinuas son Im3m (Q^{229}) y Pn3m (Q^{224}) (Figura 2.24), que derivan, respectivamente, de las superficies mínimas de los tipos P y D (Hyde, 1996).

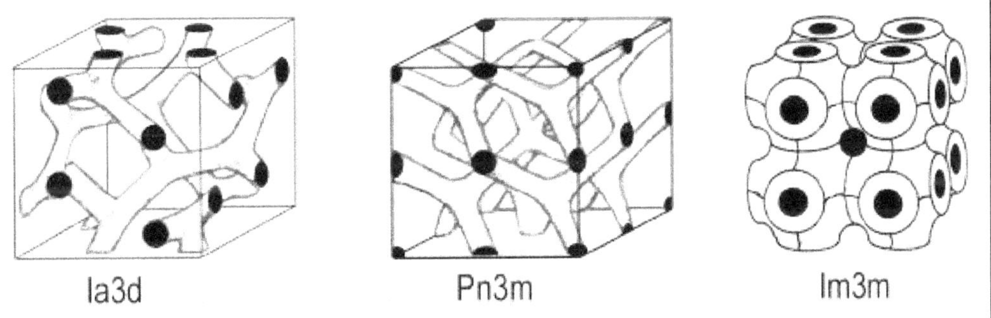

Figura 2.24. Estructura de las fases cúbicas bicontinuas inversas (modificado de Seddon y Templer, 1995).

La zona en la que se observan las fases cúbicas micelares en los diagramas de fase está comprendida entre las de las fases micelares y hexagonal (Hyde, 1996). La primera fase cúbica reconocida como formada por micelas inversas es la Fd3m (Q^{227}). Esta fase se identificó en mezclas hidratadas de lípidos, tales como en las de monooleato de glicerilo con ácido oleico (Seddon y Templer, 1995). La celda unitaria posee dos tipos de agregados de micelas inversas casi esféricas de distinto tamaño: 8 grandes y 16 pequeñas. La formación de este tipo de estructura requiere la presencia de, por lo menos, dos componentes anfifílicos, uno de los cuales es poco hidrofílico, como, por ejemplo, un ácido graso. Este componente se encontraría ubicado en la micela inversa más pequeña. Otras fases cúbicas micelares son la $P4_332$ (Q^{212}), que posee quiralidad (Seddon y Templer, 1995); Fm3m (Q^{212}), cuya estructura es centrada en las caras (Figura 2.25), y Pm3n (Q^{223}).

Algunos autores (Burducea, G. 2004; Hyde, 2001) utilizan los símbolos I_1 e I_2 para las fases cúbicas micelares normales e inversas, respectivamente, y V_1 y V_2 para las bicontinuas normales e inversas.

Figura 2.25. Estructura de una fase cúbica micelar normal con una simetría cúbica centrada en las caras (modificado de Rosevear, 1968).

Bibliografía

BARÓN, M. 2001. Definitions of basic terms relating to low-molar-mass and polymer liquid crystals. *Pure and Applied Chemistry*, 73 (5): 845-895.

BARÓN, M., STEPTO, R. F. T. 2002. Definitions of basic terms relating to polymer liquid crystals. *Pure and Applied Chemistry*, 74 (3): 493-509.

BROWN, G. H. 1983. Liquid crystals. The chameleon chemicals. *Journal of Chemical Education*, 60: 900-905.

BURDUCEA, G. 2004. Lyotropic liquid crystals I. Specific structures. *Romanian Reports in Physics*, 56 (1): 66-86.

ECCLESTON, G. M. 1990. Multiple-phase oil-in-water emulsions. Journal of the Society of Cosmetic Chemists, 41: 1-22.

FERGASON, J. L. 1964. Liquid Crystals. Scientific American, 211 (2): 77-85.

FRIBERG, S. 1971. Liquid crystalline phases in emulsions. Journal of Colloid and Interface Science, 37 (2): 291-295.

FRIEDEL, G. 1922. Les états mésomorphes de la matière. Annales de Physique, 18: 273–474.

GÓMEZ-FERNÁNDEZ, J. C., GOÑI, F. M. 1983. Fluidez de las membranas celulares. Investigación y Ciencia, 79: 14-23.

HURLBUT, C. S. 1980. "Manual de Mineralogía de Dana". Reverté, Barcelona, 653 pp.

HYDE, S. T. 1996. Bicontinuous structures in lyotropic liquid crystals and crystalline hyperbolic surfaces. Current Opinion in Solid State & Materials Science, 1: 653-662.

HYDE, S. T. 2001. Identification of lyotropic liquid crystalline mesophases, capítulo 16 de Holmberg, K. (editor) Handbook of Applied Surface and Colloid Chemistry, John Wiley & Sons,Ltd., 299-332.

KLEIN, K. 2002. Liquid crystals and emulsions: A wonderful marriage. Cosmetics & Toiletries, 117 (5), 30-34.

LISTER, J. D., BIRGENEAU, R. J. 1982. Phases and phase transitions. Physics Today, 35 (5): 26-33.

LUZZATI, V. 1997. Biological significance of lipid polymorphism: the cubic phases. Current Opinion in Structural Biology, 7 (5): 661-668.

LUZZATI, V., MUSTACCHI, H., SKOULIOS, A. 1957. Structure of the liquid-crystal phases of the soap-water system: middle soap and neat soap. Nature, 180: 600-601.

LUZZATI, V., MUSTACCHI, H., SKOULIOS, A. 1958. The structure of the liquid-crystal phases of some soap + water systems. Discussions of the Faraday Society, 25: 43-50.

LUZZATI, V., MUSTACCHI, H., SKOULIOS, A., HUSSON, F. 1960. La structure des colloïdes d´association. I. Les phases liquide-cristallines des systèmes amphiphile-eau. Acta Crystallographica, 13: 660-667.

LUZZATI, V., TARDIEU A.1974. Lipid Phases: Structure and structural transitions. Annual Review of Physical Chemistry, 25: 79-94.

MARSH, D.; SEDDON, J. M. 1982. Gel-to-inverted hexagonal (Lâ-HII) phase transitions in phosphatidylethanolamines and fatty acid-phosphatidylcholine mixtures, demonstrated by 31P-NMR spectroscopy and X-ray diffraction. Biochimica et Biophysica Acta, 690:117–123.

PASQUALI, R. C., BREGNI, C., SERRAO, R. 2005. Identificación de fases líquido cristalinas con el microscopio polarizante. Cosmética, 59: 25-36.

PHILLIPS, R. 1971. "Mineral Optics. Principles and Techniques", capítulo 5, W. H. Freeman and Company, Estados Unidos, 75-88.

ROSEVEAR, F. B. 1954. The microscopy of the liquid crystalline neat and middle phases of soaps and synthetic detergents. The Journal of the American Oil Chemists´Society, 31: 628-639.

ROSEVEAR, F. B. 1968. Liquid crystals: The mesomorphic phases of surfactant compositions. Journal of the Society of Cosmetic Chemists, 19: 581-594.

SCHWARZ U. S. y GOMPPER, G. 1999. Systematic approach to bicontinuous cubic phases in ternary amphiphilic systems. Physical Review E, 59 (5): 5528-5541.

SEDDON, J. M., TEMPLER, R. H.1995. "Polymorphism of Lipid-Water Systems", capítulo 3 de Lipowsky, R. y E. Sackmann (editores) Handbook of Biological Physics, Volumen 1, Elsevier Science B. V., 98-160.

TANFORD, C. 1972. Micelle shape and size. The Journal of Physical Chemistry, 76 (21): 3020-3024.

TEMPLER, R., ATTARD, G. 1991. The world of liquid crystals. New Scientist, 4 de mayo, 25-29.

VERBIT, L. 1972. Liquid crystals-Synthesis and properties. Journal of Chemical Education, 49 (1): 36-39.

WINSOR, P. A. 1968. Binary and multicomponent solutions of amphiphilic compounds. Solubilization and the formation, structure, and theorical significance of liquid crystalline solutions. Chemical Reviews, 68 (1): 1-40.

III

CARACTERÍSTICAS DE LAS FASES LIOTRÓPICAS

Cada fase liotrópica está caracterizada por una geometría a nivel molecular, a cada una de las cuales le corresponde un valor del denominado parámetro crítico de acomodamiento y una cierta curvatura. Como consecuencia del ordenamiento presente en este tipo de estructuras, que se cuantifica por medio del parámetro de ordenamiento, las fases liotrópicas, y los cristales líquidos en general, difractan los rayos X tal como lo hacen los sólidos cristalinos. Otra característica que comparten los cristales líquidos liotrópicos con los termotrópicos y los sólidos cristalinos, excepto con los que poseen un ordenamiento que corresponde a una red cúbica, es la de presentar birrefringencia.

Parámetro crítico de acomodamiento

En 1976, Jacob Israelachvili, John Mithchell y Barry Ninham (Israelachvili, Mithchell y Ninham, 1976) definieron lo que denominaron condición crítica para la formación de micelas, a la que más tarde se llamó parámetro crítico de acomodamiento (en inglés, *critical packing parameter*). Este parámetro fue definido de la siguiente manera (Ecuación 3.1):

$$p \text{ (parámetro crítico de acomodamiento)} = \frac{v}{a_0 l_c} \qquad [3.1]$$

En la ecuación anterior, v es el volumen ocupado en una cierta micela, vesícula o fase liotrópica por la parte lipofílica de la molécula de la sustancia anfifílica, l_c es su largo cuando está totalmente extendida y a_0 es el área óptima disponible para la zona polar. Esta área, que da la menor energía de Gibbs por molécula, no es solamente el área disponible para el grupo polar de la molécula de la sustancia anfifílica sino también para su dominio de hidratación. Su valor depende tanto de las características geométricas de la molécula como de la temperatura, de la concentración de la sustancia anfifílica, del pH y de la fuerza iónica del medio (Nagarajan, 2002).

Como el cociente entre el volumen ocupado por la parte lipofílica y su largo es igual al área promedio de la sección transversal de la parte lipofílica de la molécula anfifílica, resulta que el parámetro crítico de acomodamiento representa el cociente entre esta área y el área óptima disponible para la zona polar.

Los valores de v y de l_c de una cadena hidrocarbonada saturada y lineal que contiene n_c átomos de carbono se pueden calcular de la siguiente manera (Ecuaciones 3.2 y 3.3) (Pasquali, Bregni y Serrao, 2005):

$$v = 0{,}0272 + 0{,}0270 \cdot n_C \qquad [3.2]$$

$$l_c = 0{,}15 + 0{,}1265 \cdot n_C \qquad [3.3]$$

Si se calcula el cociente entre v y l_c para una cierta cadena hidrocarbonada se obtiene un valor muy próximo a 0,21 nm^2, que es prácticamente independiente del largo de la cadena. De acuerdo con este resultado, el parámetro crítico de acomodamiento dependería únicamente del valor del área óptima disponible para la zona polar y sería independiente de las características de la cadena hidrocarbonada. Sin embargo, Nagarajan (Nagarajan, 2002) demostró que en el caso de las micelas esféricas formado por sustancias iónicas, la cadena hidrocarbonada influye en la fuerza iónica y por lo tanto modifica el área óptima y el parámetro crítico de acomodamiento.

Los modelos que permiten describir los distintos tipos de cristales líquidos liotrópicos consisten en cuerpos geométricos distribuidos regularmente, tales como esferas con un acomodamiento cúbico (fases cúbicas micelares), cilindros paralelos con un ordenamiento hexagonal (fases hexagonal y hexagonal inversa) y prismas rectos paralelos entre sí (fase laminar). El valor que adopta el parámetro crítico de acomodamiento en cada tipo de estructura líquido cristalina se obtiene igualando los volúmenes y las áreas de cada uno de los cuerpos geométricos con los que se representan en los modelos con, respectivamente, los productos $N.v$ y $N.a_0$, donde N es la cantidad de cadenas hidrocarbonadas contenidas en cada uno de esos cuerpos (Tabla 3.1).

En la fase cúbica micelar y en las micelas esféricas, el volumen disponible para la parte lipofílica de la molécula de la sustancia anfifílica, v, se puede obtener despejándolo de la expresión que define al parámetro crítico de acomodamiento: ese volumen coincide con el de un cono cuya base tiene un área a_0 y una altura l_0 (Ecuaciones 3.4 y 3.5).

$$p = \frac{v}{a_0 l_c} = \frac{1}{3} \qquad [3.4]$$

$$v = \frac{1}{3} a_0 \cdot l_0 \text{ (volumen de un cono)} \qquad [3.5]$$

En la fase laminar, el volumen v coincide con la de un cilindro de altura l_0 cuya base tiene un área a_0 (Ecuaciones 3.6 y 3.7).

$$p = \frac{v}{a_0 l_c} = 1 \qquad [3.6]$$

$$v = a_0 \cdot l_0 \text{ (volumen de un cilindro)} \qquad [3.7]$$

Fase liotrópica	Cuerpo con que se representa	Volumen del cuerpo	Área	Parámetro crítico de acomodamiento
Cúbica micelar	Esfera de radio l_c	$N.v = \frac{4}{3}\pi \cdot l_0^3$	$N \cdot a_0 = 4\pi \cdot l_0^2$	$\frac{1}{3}$
Hexagonal	Cilindro de radio l_c y largo L	$N.v = \pi \cdot l_0^2 \cdot L$	$N.a_0 = 2\pi \cdot l_0 \cdot L$	$\frac{1}{2}$
Laminar	Prisma recto de alto $2l_c$ y base de área S	$N.v = 2 \cdot S \cdot l_0$	$N \cdot a_0 = 2 \cdot S$	1
Hexagonal inversa	Cilindro hueco de radio interno r_a y espesor l_c	$N.v = \pi\left[(l_0 + r_a)^2 - r_a^2\right]L$	$N.a_0 = 2\pi \cdot r_a \cdot L$	$1 + \frac{l_0}{2r_a}$
Cúbica micelar inversa	Esfera hueca de radio interno r_a	$N \cdot v = \frac{4}{3}\pi\left[(l_0 + r_a)^3 - r_a^3\right]$	$N \cdot a_0 = 4\pi \cdot r_a^2$	$1 + \frac{l_0}{r_a} + \frac{l_0^2}{3r_a^2}$

Tabla 3.1. Parámetros críticos de acomodamiento de fases liotrópicas.

Los parámetros críticos de acomodamiento de las fases cúbica micelar y laminar también se pueden obtener a partir de la expresión que permite calcular el volumen de un cono truncado cuyo radios mayor y menor son, respectivamente, r_0 y r (Ecuación 3.8):

$$v = \frac{\pi \cdot l_0}{3}\left(r_0^2 + r \cdot r_0 + r^2\right) = \frac{l_0}{3}\left(\pi \cdot r_0^2 + \pi \cdot r \cdot r_0 + \pi \cdot r^2\right) \qquad [3.8]$$

Como, el parámetro crítico de acomodamiento para una molécula cuya parte lipofílica ocupa un volumen con forma de un cono truncado es igual a (Ecuación 3.9):

$$p = \frac{1}{3}\left(1 + \frac{r}{r_0} + \frac{r^2}{r_0^2}\right) \qquad [3.9]$$

Si la forma es cónica, $r = 0$ y $p = 1/3$, y si es cilíndrica, $r = r_0$ y $p = 1$.

En la fase hexagonal, el parámetro crítico de acomodamiento es igual a ½, intermedio entre los correspondientes a moléculas en las que las zonas lipofílicas ocupan espacios con formas cónicas y cilíndricas (Ecuación 3.10). Por lo tanto, la forma de esa zona para la fase hexagonal es la de un cono truncado.

$$\frac{1}{3}\left(1 + \frac{r}{r_0} + \frac{r^2}{r_0^2}\right) = \frac{1}{2} \qquad [3.10]$$

De la igualdad anterior, se llega a (Ecuación 3.11):

$$\left(\frac{r}{r_0}\right)^2 + \frac{r}{r_0} - \frac{1}{2} = 0 \qquad [3.11]$$

Resolviendo, se tiene que la relación entre los radios menor y mayor del cono que corresponde a un parámetro crítico de acomodamiento igual a ½ es igual a (Ecuación 3.12):

$$\frac{r}{r_0} = \frac{\sqrt{3}-1}{2} \cong 0{,}36603 \qquad [3.12]$$

O bien, la relación entre las áreas es (Ecuación 3.13):

$$\frac{a}{a_0} = 1 - \frac{\sqrt{3}}{2} \cong 0{,}13397 \qquad [3.13]$$

Como se indica en la Tabla 3.1, en la fase hexagonal inversa, el parámetro crítico de acomodamiento es igual a (Ecuación 3.14):

$$p = 1 + \frac{l_0}{2r_a} \qquad [3.14]$$

Si se iguala con el valor obtenido para el parámetro crítico de acomodamiento que corresponde a un espacio ocupado por la zona lipofílica con forma de cono truncado, se llega a la Ecuación 3.15:

$$\left(\frac{r}{r_0}\right)^2 + \frac{r}{r_0} - \left(2 + \frac{3l_0}{2r_a}\right) = 0 \qquad [3.15]$$

Al resolver la ecuación anterior se demuestra que r_0, el radio de la base del cono cuya área es la disponible para la parte hidrofílica, es menor que r (Ecuación 3.16).

$$\frac{r}{r_0} = \frac{-1 + \sqrt{9 + \frac{6l_0}{r_a}}}{2} > 1 \qquad [3.16]$$

Procediendo en forma similar, se llega a que en una fase cúbica formada por micelas inversas el volumen disponible para la zona lipofílica tiene la forma de un cono truncado en el cual el radio menor corresponde a la base cuya área es la disponible para la parte hidrofílica. La ecuación que se obtiene es (Ecuación 3.17):

$$\left(\frac{r}{r_0}\right)^2 + \frac{r}{r_0} - \left(2 + \frac{3l_0}{r_a} + \frac{l_0^2}{r_a^2}\right) = 0 \qquad [3.17]$$

La resolución de la ecuación anterior conduce a la Ecuación 3.18:

$$\frac{r}{r_0} = \frac{-1 + \sqrt{9 + \frac{12 l_0}{r_a} + \frac{4 l_0^2}{r_a^2}}}{2} > 1 \qquad [3.18]$$

Curvatura

Cada una de las fases líquido cristalinas está caracterizada, además del parámetro crítico de acomodamiento, por las curvaturas media y gaussiana (Seddon y Templer, 1995). La curvatura media en un punto de una superficie se define de la siguiente manera (Ecuación 3.19) (Figura 3.1):

$$H = \frac{1}{2}\left(\frac{1}{R_1} + \frac{1}{R_2}\right) = \frac{c_1 + c_2}{2} \qquad [3.19]$$

donde R_1 y R_2 son los radios de curvatura máximo y mínimo en dos direcciones perpendiculares entre sí. Las inversas de esos radios son las curvaturas principales (c_1 y c_2). La curvatura es una magnitud vectorial y, por lo tanto, posee un signo, positivo o negativo, que se fija arbitrariamente. En el caso de agregados de sustancias anfifílicas, el valor positivo se obtiene cuando la parte hidrofílica forma una superficie convexa cuando se observa desde la zona lipofílica, mientras que si esa superficie es cóncava, el signo es negativo.

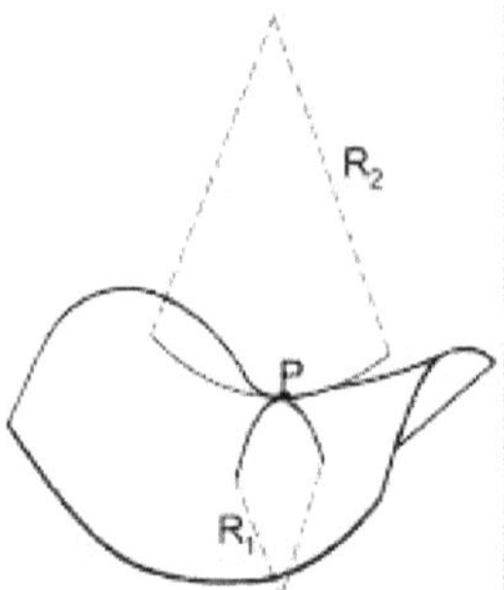

Figura 3.1. Las curvaturas principales en el punto P están dadas por las inversas de los radios de curvatura máximo y mínimo en dos direcciones perpendiculares entre sí.

La curvatura de Gauss (K) está dada por la siguiente expresión (Ecuación 3.20):

$$K = \frac{1}{R_1 R_2} \qquad [3.20]$$

En una bicapa plana, como las que constituyen la fase laminar, los dos radios de curvatura son infinitamente grandes y tanto la curvatura media como la gaussiana son iguales a cero.

En el caso de los cilindros que forman la fase hexagonal, un radio de curvatura es el del cilindro (r) mientras que el otro es infinitamente grande. Por lo tanto, en esta fase, la curvatura media es igual a $1/2r$, mientras que la de Gauss es nula. Para las esferas de la fase cúbica micelar los dos radios de curvatura son iguales al radio r de la esfera. Por lo tanto, la curvatura media es igual a $1/r$ y la gaussiana $1/r^2$. En cuanto a las fases inversas, la curvatura media tiene signo negativo.

La curvatura media está relacionada con la energía requerida para curvar la película de sustancia anfifílica. La mínima energía de Gibbs le corresponde a una curvatura media que se simboliza como H_0.

En 1976, L. E. Scriven (1976) propuso que las fases liotrópicas cúbicas no micelares podrían estar formadas por estructuras bicontinuas. Este tipo de ordenamiento consiste de una bicapa continua que adopta en el espacio formas geométricas que poseen en todos los puntos de su superficie una curvatura media igual a cero y una curvatura gaussiana negativa. A este tipo de superficies se las denominan superficies mínimas. Otro ejemplo de superficies mínimas con sustancias anfifílicas son las burbujas de jabón, en las que se minimiza de esta forma la energía relacionada con la tensión superficial (Seddon y Templer, 1995).

En su trabajo de 1976, Israelachvili, Mithchcll y Ninham (Israelachvili, Mithchell y Ninham, 1976) demostraron que el parámetro crítico de acomodamiento está relacionado con la curvatura media y la gaussiana mediante la siguiente ecuación:

$$p = 1 - l_0 H + \frac{l_0^2}{3} K \qquad [3.21]$$

En las superficies esféricas $H = 1/l_0$ y $K = 1/l_0^2$, de donde $p = 1/3$. En las superficies cilíndricas $H = 1/2l_0$ y $K = 0$ y, por lo tanto, $p = 1/2$, mientras que en las planas, como sucede en la fase laminar, ambas curvaturas son iguales a cero y $p = 1$. Para estos tres casos, la ecuación es exacta y para otras superficies, según esos autores, el error es menor al 1 %.

Parámetro de ordenamiento

En las fases líquido cristalinas, tanto liotrópicas como termotrópicas, las moléculas están orientadas, en promedio, alrededor de un eje común al que se denomina director y que se representa por medio de un vector unidad ***n*** (Barón, 2001).

En la fase laminar fluida, $L\alpha$, y en la fase gel laminar $L\beta$, el director es, en teoría, perpendicular a las capas, mientras que en la fase gel laminar de cadenas hidrocarbonadas inclinadas, $L_{\beta'}$, el director posee la inclinación promedio de las cadenas. En la fase hexagonal, el vector que representa al director es perpendicular a la superficie lateral de los cilindros y corresponde a la orientación promedio de las cadenas hidrocarbonadas ubicadas sobre una línea ubicada en la superficie de cada cilindro paralela a su eje longitudinal.

El ordenamiento de las moléculas con respecto al director se cuantifica por medio del parámetro de ordenamiento, al que el IUPAC recomienda simbolizar como $<P_2>$ y que se define de la siguiente manera (Barón, 2001) (Ecuación 3.22):

$$\langle P_2 \rangle = \frac{3\langle \cos^2 \beta \rangle - 1}{2} \qquad [3.22]$$

donde β es el ángulo entre el eje de simetría molecular y el director y <> indica el promedio general.

En una fase gel ideal, todas las cadenas hidrocarbonadas estarían igualmente orientadas y, por lo tanto, el valor del ángulo β sería iguala cero y el parámetro de ordenamiento tomaría el valor 1, lo que indica un ordenamiento perfecto de las cadenas hidrocarbonadas.

El conocimiento más detallado de la conformación de las cadenas hidrocarbonadas proviene de los estudios de resonancia magnética nuclear de moléculas deuteradas (Pershan, 1982). En muestras de fase laminar, el desplazamiento cuadrupolar en un grupo metileno deuterado es una medida de la alineación de un enlace individual carbono-deuterio con el ordenamiento macroscópico. Las mediciones realizadas en una fase laminar formada por una dispersión de laurato de potasio deuterado en agua demostraron que los primeros cinco o seis átomos de carbono, contados a partir del grupo polar, tienen aproximadamente el mismo parámetro de ordenamiento (en este caso β es el ángulo entre la dirección del campo magnético y el eje del enlace carbono-deuterio), medido a través del desplazamiento cuadrupolar. Este resultado indica que las cadenas hidrocarbonadas son más rígidas en las cercanías del grupo polar y fluidas en el extremo. En un estudio similar realizado sobre ácido esteárico incorporado en una bicapa de fosfolípidos también se encontró que el desorden de la cadena hidrocarbonada aumenta hacia el extremo, pero la mayor disminución del parámetro de ordenamiento se produce después del noveno átomo de carbono (Paresh *et al.*, 2003). Estos dos estudios sugieren que las cadenas hidrocarbonadas se hacen más desordenadas a partir de la mitad más alejada del grupo polar.

Difracción de rayos X en pequeño ángulo

La difracción de rayos X en pequeño ángulo da información sobre la estructura de cada una de las fases líquido cristalinas. La diferencia con las técnicas de difracción de rayos X convencionales es el reducido valor del ángulo (θ) entre la dirección del haz de rayos X incidente y los planos que producen la difracción. Los bajos valores de estos ángulos son una consecuencia de que las distancias (a las que se denominan espaciados) entre los planos cristalinos de una misma familia (d) son apreciablemente mayores en los cristales líquidos que en la mayoría de los sólidos cristalinos. En efecto, por la ley de Bragg (Bragg y Bragg, 1939), el seno del ángulo de difracción es inversamente proporcional al espaciado (Ecuación 3.23).

$$\text{sen}(\theta) = \frac{n\lambda}{2d} \qquad [3.23]$$

En la ecuación de Bragg, n toma valores enteros positivos comenzando por 1 y se denomina orden de la difracción. Para un mismo espaciado, el seno del ángulo θ es directamente proporcional al orden de la difracción (Figura 3.2).

La longitud de onda de los rayos X depende del elemento que constituye el anticátodo. Generalmente se emplea la línea $K\alpha_1$ del cobre, que tiene una longitud de onda de 0,154056 nm, o bien las líneas $K\alpha_1$ y $K\alpha_2$ sin separar, con un valor aproximado de 0,1542 nm.

En la Tabla 3.2 se dan las relaciones entre los espaciados de las principales fases liotrópicas (Hyde, 2001).

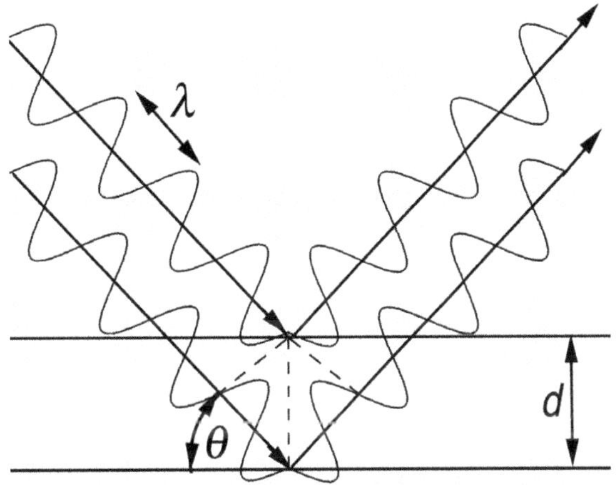

Figura 3.2. Dispersión de los rayos X de longitud de onda λ por las capas de espesor d de un retículo cristalino (dibujo del autor).

Fase líquido cristalina	Relación de espaciados
Laminar	$1:\frac{1}{2}:\frac{1}{3}:\frac{1}{4}$
Hexagonal y hexagonal inversa	$1:\frac{1}{\sqrt{3}}:\frac{1}{\sqrt{4}}:\frac{1}{\sqrt{7}}:\frac{1}{\sqrt{9}}:\frac{1}{\sqrt{12}}:\frac{1}{\sqrt{13}}$
Cúbica micelar (grupo espacial *Fm*3*m*)	$1:\frac{1}{\sqrt{3}}:\frac{1}{\sqrt{4}}:\frac{1}{\sqrt{8}}:\frac{1}{\sqrt{11}}:\frac{1}{\sqrt{12}}:\frac{1}{\sqrt{16}}$
Cúbica micelar (grupo espacial *Pm*3*n*)	$1:\frac{1}{\sqrt{2}}:\frac{1}{\sqrt{4}}:\frac{1}{\sqrt{5}}:\frac{1}{\sqrt{6}}:\frac{1}{\sqrt{8}}:\frac{1}{\sqrt{10}}:\frac{1}{\sqrt{12}}:\frac{1}{\sqrt{13}}:\frac{1}{\sqrt{14}}:\frac{1}{\sqrt{16}}$
Cúbica micelar inversa (grupo espacial *Fd*3*m*)	$1:\frac{1}{\sqrt{3}}:\frac{1}{\sqrt{8}}:\frac{1}{\sqrt{11}}:\frac{1}{\sqrt{12}}:\frac{1}{\sqrt{16}}$
Cúbica bicontinua inversa (grupo espacial *Im*3*m*)	$1:\frac{1}{\sqrt{2}}:\frac{1}{\sqrt{4}}:\frac{1}{\sqrt{6}}:\frac{1}{\sqrt{8}}:\frac{1}{\sqrt{10}}:\frac{1}{\sqrt{12}}:\frac{1}{\sqrt{14}}:\frac{1}{\sqrt{16}}$
Cúbica bicontinua inversa (grupo espacial *Pn*3*m*)	$1:\frac{1}{\sqrt{2}}:\frac{1}{\sqrt{3}}:\frac{1}{\sqrt{4}}:\frac{1}{\sqrt{6}}:\frac{1}{\sqrt{8}}:\frac{1}{\sqrt{9}}:\frac{1}{\sqrt{10}}:\frac{1}{\sqrt{11}}:\frac{1}{\sqrt{12}}:\frac{1}{\sqrt{14}}:\frac{1}{\sqrt{16}}$
Cúbica bicontinua inversa (grupo espacial *Ia*3*d*)	$1:\frac{1}{\sqrt{6}}:\frac{1}{\sqrt{8}}:\frac{1}{\sqrt{14}}:\frac{1}{\sqrt{16}}$

Tabla 3.2. Relaciones entre los espaciados en los retículos cristalinos de algunas fases liotrópicas.

Birrefringencia

Los cuerpos anisotrópicos, tales como las fases líquido cristalinas no cúbicas, presentan el fenómeno de la birrefringencia o doble refracción: un rayo de luz incidente se divide en otros dos que están polarizados perpendicularmente entre sí. Si el rayo de luz incide paralelamente a una cierta línea, el eje óptico, ocurre una refracción sencilla y no doble. Los cuerpos que tienen un solo eje óptico se denominan uniáxicos o uniaxiales, mientras que los biáxicos (o biaxiales) son los que poseen dos ejes ópticos. En los cuerpos uniáxicos positivos, el índice de refracción es máximo en la dirección del eje óptico, mientras que en los negativos es mínimo (Phillips, 1971; Hurlbut, 1980). En los cristales uniáxicos, el índice de refracción es constante para uno de los rayos, el ordinario, pero para el otro, el extraordinario, depende de la dirección de propagación de la luz en el material.

El fenómeno de la doble refracción es responsable de la imagen al microscopio polarizante, a la que se denomina textura óptica (Barón, 2001), que se observa al cruzar los polarizadores. La textura óptica se debe a la orientación superficial de los directores en los límites de la muestra y a los defectos en su estructura cristalina.

Una forma rápida de determinar las fases presentes en sistemas formados por dispersión de un tensioactivo en agua a una cierta temperatura es mediante el denominado experimento de penetración (Rosevear, 1968; Persson, 2003). Básicamente, este ensayo se realiza de la siguiente manera:

- Colocar el tensioactivo entre un porta y un cubre objeto.
- Si el tensioactivo es sólido, fundirlo y dejarlo enfriar de forma tal de obtener una masa homogénea con bordes nítidos.
- Agregar una gota de agua en el borde del cubre objeto, de forma tal que se ponga en contacto con la muestra por capilaridad.

A medida que el agua difunde en el tensioactivo, el gradiente de concentración produce todas las fases posibles a esa temperatura, de las cuales las anisotrópicas se observan al cruzar los polarizadores (Figura 3.3).

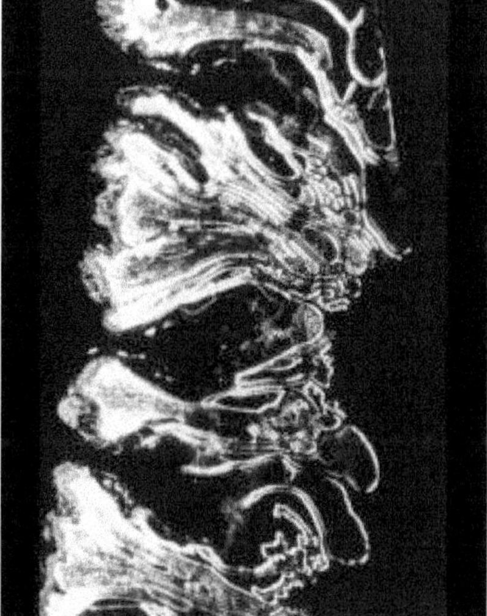

Figura 3.3. Fase líquido cristalina formasda en la interfase agua-dietanolamida de ácidos grasos del coco (foto del autor).

Propiedades ópticas de la fase laminar

Un dominio es una región de una fase líquido cristalina que posee un solo director (Barón, 2001). En la fase laminar, un dominio forma un cristal uniáxico con el eje óptico perpendicular a las capas.

Algunas de las texturas de la fase laminar se originan en su tendencia a disponerse paralelamente a las superficies, tales como las de burbujas o de gotitas (Winsor, 1968) (Figura 3.4).

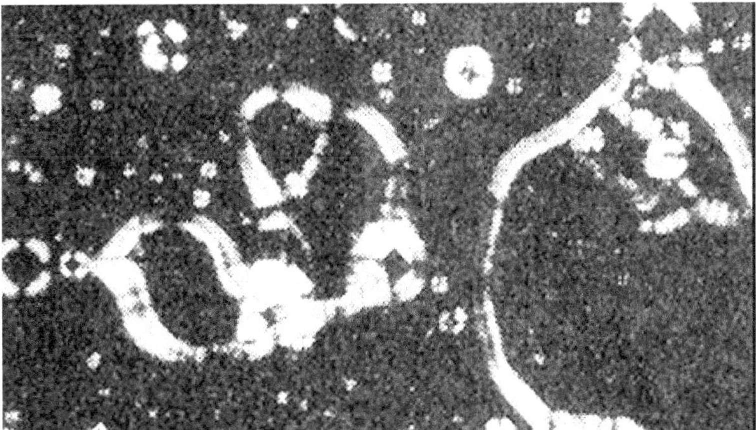

Figura 3.4. Bordes birrefringentes de gotitas de una emulsión (tomado de Rosevear, 1954).

Si las bicapas se disponen paralelamente al porta y cubre objeto, el eje óptico queda paralelo al del microscopio (Rosevear, 1954). Este tipo de alineamiento, en el cual el director es perpendicular (y las capas paralelas) a la superficie del sustrato, se denomina homeotrópico (Friedel, 1922; Winsor, 1968; Barón, 2001; Gray, 1962). En una alineación homeotrópica la muestra aparece como isotrópica, ya que no se observa birrefringencia cuando se ilumina con un haz de rayos paralelos entre sí y perpendiculares a la superficie. Si se utiliza un haz de luz convergente se observan cruces de interferencia uniaxiales, que la mayor parte de las veces son de signo positivo (Winsor, 1968).

Otro tipo de texturas que presenta la fase laminar son las cónico focales (Friedel, 1922), que constituyen una consecuencia de fuerzas que impiden la formación de una disposición homeotrópica o uniaxial (Rosevear, 1954). Así, por ejemplo, son favorecidas por precipitación rápida, alteración mecánica o térmica, o por la curvatura de la superficie de las gotas. Bajo estas circunstancias, las capas de la fase laminar se curvan y dan una familia de superficies tales que minimizan la tensión a que se ve sometida la estructura laminar curvada.

Las texturas cónicas focales se dividen, según Rosevear, en texturas debidas al tipo de unidades y texturas compuestas. A las primeras, este autor las dividió en unidades positivas, negativas y con forma de abanico (*fanlike units*). Las unidades positivas y negativas son las que dan cruces de extinción que corresponden, respectivamente, a estructuras uniáxicas positivas y negativas (Figura 3.5).

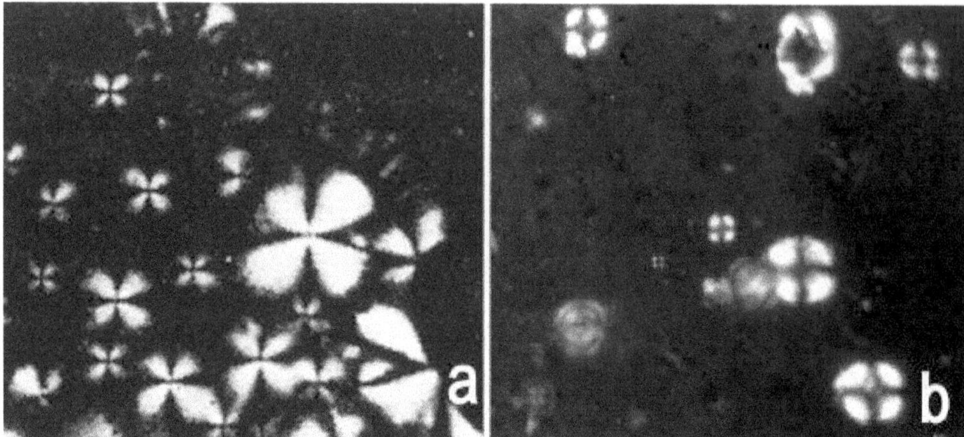

Figura 3.5. Cruces de extinción de cristales líquidos uniáxicos: a) positivos, b) negativos (modificado de Rosevear, 1954).

Rosevear incluyó dentro de las texturas compuestas a los mosaicos (retículos de unidades positivas y negativas), líneas oleosas [*stries huileuses* en francés (Friedel, 1922), *oily streaks* en inglés (Rosevear, 1954)], bordes birrefringentes, terrazas (*goutte à gradins*, según Friedel, 1922) con forma de abanico y pequeños bastones (*bâtonnets*).

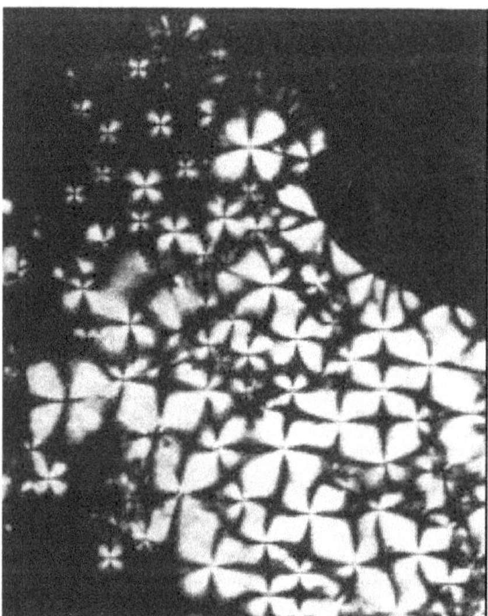

Figura 3.6. Textura mosaico (tomado de Rosevear, 1954).

Las texturas mosaico (Figura 3.6) y líneas oleosas (Figura 3.7) se parecen a la región policristalina de un material completamente cristalizado. Sin embargo, mientras que en estos últimos se observan discontinuidades entre granos, en la fase laminar se presenta una transición gradual desde una unidad a la siguiente (Rosevear, 1954). Esta particularidad permite diferenciarla de la fase hexagonal, en la que se presentan discontinuidades como en los sólidos policristalinos. La textura mosaico representa el máximo grado de desorden a nivel microscópico de la fase laminar. Las líneas oleosas se ponen en evidencia al agitar la masa líquido cristalina o por otra causa que produzca una orientación lineal. Así, por ejemplo, se observan como consecuencia del paso de una burbuja de aire a través de una masa con textura uniaxial (Rosevear, 1954). Las líneas oleosas, denominadas así por su aspecto, constituyen la categoría más común de defectos estructurales en las fases laminares. Esta textura se debe a defectos que subdividen la estructura ideal compuesta de capas planas y paralelas en dominios y aparece como largas bandas con una compleja estructura interna (Boltenhagen, Lavrentovich y Kleman, 1991). Las líneas oleosas son cadenas de pequeños grupos cónico focales (Gray, 1962).

Figura 3.7. Líneas oleosas observadas en la fase líquido cristalina formada en la interfase agua-dietanolamida de ácidos grasos del coco (foto del autor).

Las terrazas, denominadas también terrazas de Grandjean, se forman en los bordes de las gotas, en los que adoptan una forma escalonada o en terrazas (Gray, 1962) (Figuras 3.8 y 3.9). Grandjean describió en 1917 a esta textura como *gouttes à gradins* (gotas en gradas) (Friedel, 1922; Gray, 1962). Los pequeños bastones son cuerpos birrefringentes alargados, raramente cilíndricos, de superficies curvas y simétricos alrededor de sus ejes longitudinales (Brown y Shaw, 1957; Gray, 1962) que se encuentran asociados con una precipitación rápida. Con frecuencia se presentan altamente ornamentados y su aspecto recuerda a las patas talladas de los muebles antiguos (Gray, 1962) (Figura 3.10). En la fase laminar precipitan de sistemas isotrópicos por enfriamiento o por evaporación cerca de los bordes del cubre objeto (Rosevear, 1954).

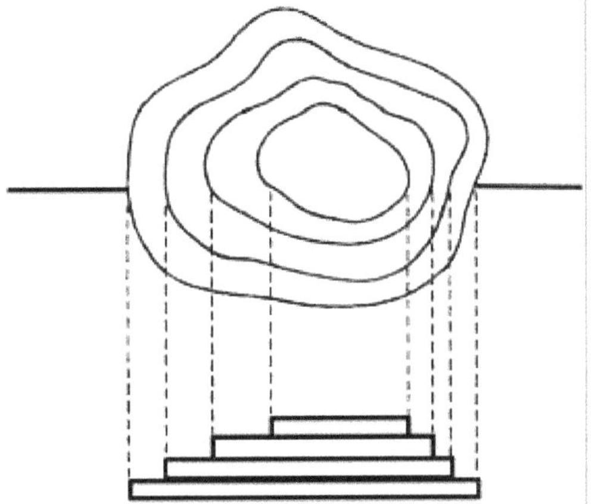

Figura 3.8. Esquema de una gota escalonada (tomado de Gray, 1962).

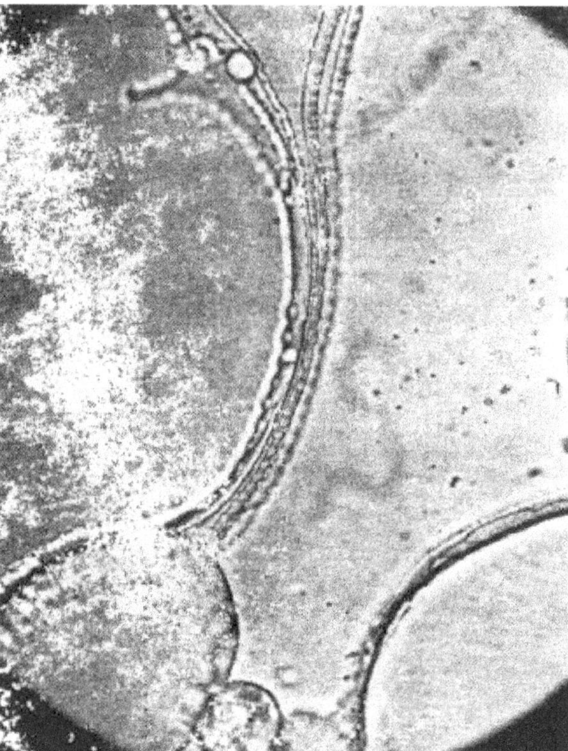

Figura 3.9. Textura en terrazas (tomado de Rosevear, 1968).

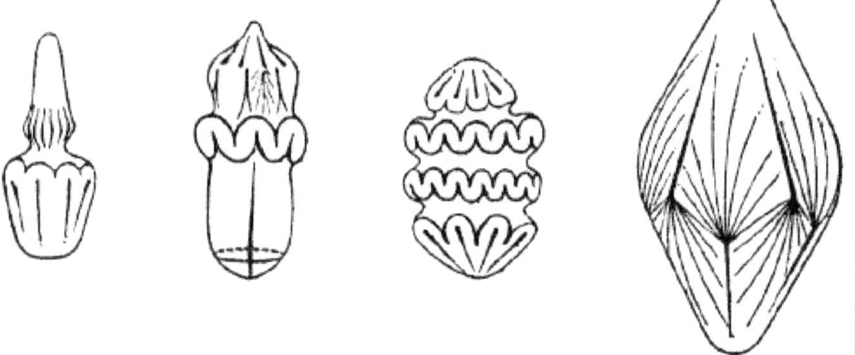

Figura 3.10. Tres tipos de pequeños bastones (*bâtonnets*) (tomado de Friedel, 1922).

Entre las principales características ópticas que permiten identificar a la fase laminar se encuentran (Rosevear, 1954):

- Áreas isotrópicas frecuentes, ya sea porque se forman espontáneamente o por una cuidadosa manipulación del cubre objeto.
- Cruces de extinción individuales o en combinaciones complejas, de signo negativo y más anchas en el centro.
- Textura mosaico que se forma por alteración mecánica o térmica de áreas homeotrópicas.
- Mayor birrefringencia que la hexagonal.

Propiedades ópticas de la fase hexagonal

El eje óptico de esta fase es paralelo al eje longitudinal de los cilindros (Winsor, 1968). Las verdaderas texturas axiales de la fase hexagonal, en las que el haz de luz es paralelo al eje óptico, son raras y, cuando se presentan, son similares a las de la fase laminar.

Al igual que en la fase laminar, en la hexagonal las texturas cónico focales también se clasifican en texturas debidas al tipo de unidades y texturas compuestas. Dentro de las primeras, la más común está formada por unidades con forma de abanico. Esta textura se observa como unidades aisladas cuando la fase hexagonal precipita por evaporación de agua a partir de una dispersión isotrópica.

Las principales texturas compuestas que se observan en la fase hexagonal son las líneas oleosas, la textura con forma de abanico, la textura angular, campo de extinción casi completa y pequeños bastones. A diferencia de la fase laminar, las líneas oleosas de la hexagonal se encuentran solamente en una matriz isotrópica, posiblemente debido a que el flujo localizado que se requiere para generar esta textura no es posible en una matriz hexagonal, cuya viscosidad es muy elevada.

La textura con forma de abanico (Figura 3.11) es la más comúnmente asociada con la fase hexagonal. El límite entre dos áreas con forma de abanico es una discontinuidad nítida. En la fase hexagonal, los brazos de extinción son rectos desde el centro hasta su límite exterior.

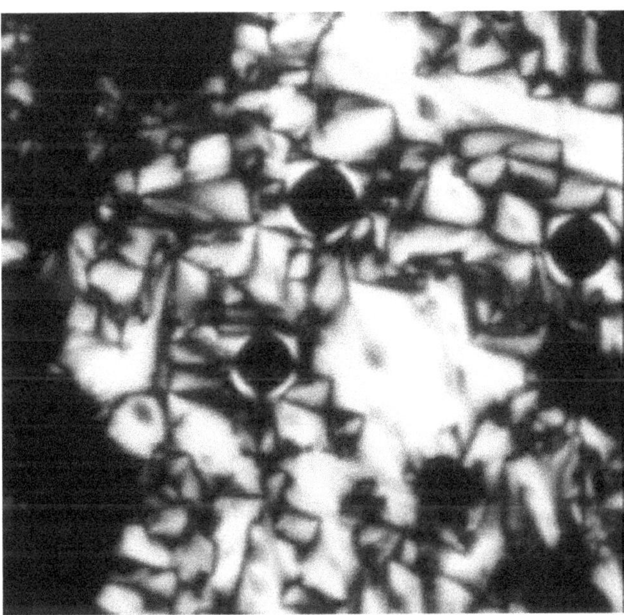

Figura 3.11. Textura con forma de abanico observadas en la fase líquido cristalina formada en la interfase agua-dietanolamida de ácidos grasos del coco (foto del autor).

Para Rosevear, la textura angular (Figura 3.12) es, en realidad, una textura con forma de abanico insuficientemente desarrollada. Esto se podría deber a que hay muchos dominios cristalinos muy próximos entre sí. De esta forma, el desarrollo de los "abanicos" está restringido a formas muy pequeñas.

Figura 3.12. Textura angular (tomado de Rosevear, 1954).

Las texturas con campo de extinción casi completo y de pequeños bastones se observan, al igual que la unidad con forma de abanico, en algunos casos en los que se produjo evaporación del agua de una dispersión isotrópica.

A las texturas no geométricas, Rosevear las clasificó en simples o no estriadas (Figura 3.13) y estriadas (Figura 3.14). En las texturas estriadas, las estrías generalmente representan desarrollos incipientes de las texturas angular o con forma de abanico.

Figura 3.13. Textura no geométrica simple del sistema monoestearato de polietilenglicol 400 (43 %) agua (57 %) (foto del autor).

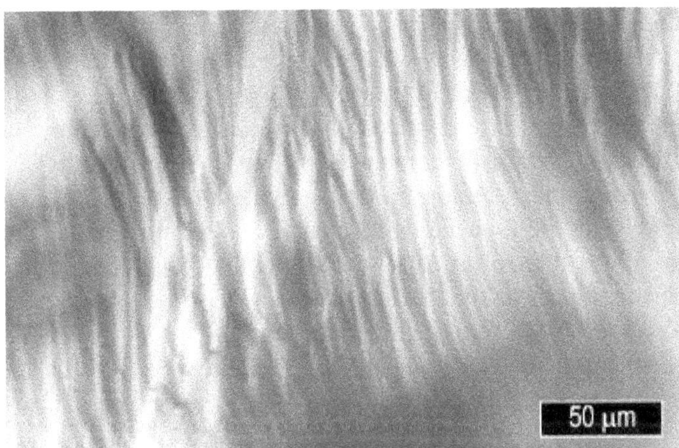

Figura 3.14. Textura no geométrica estriada del sistema Brij 97 (50 %)-agua (50 %) (foto del autor).

Entre las principales características ópticas que permiten identificar a la fase hexagonal, Rosevear menciona a las siguientes:

- Texturas con forma de abanico o angulares con cruces de extinción de signo positivo solamente.
- Texturas no geométricas.
- Las texturas geométricas pueden transformarse en no geométricas por alteración mecánica.
- Posee menor birrefringencia que la laminar.
- Temperaturas de transición.

Para una cierta composición, cada una de las fases liotrópicas existe en un cierto rango de temperaturas. Las temperaturas de transición de las distintas fases presentes en un sistema se pueden determinar por medio del microscopio polarizante con platina calentable, por difracción de rayos X en pequeño ángulo con portamuestra que permita su calefacción y por calorimetría diferencial de barrido.

El microscopio polarizante con platina calentable (Gray, 1953) fue ideado por Lehmann, quien con ese dispositivo observó el particular comportamiento del benzoato de colesterilo entre 145,5 y 178,5 ºC que lo condujo al descubrimiento del estado líquido cristalino (Lehmann, 1889). Empleando esta técnica, James William McBain y colaboradores realizaron en la década de 1920 diagramas de fases de sistemas formados jabones, agua y sales, tales como palmitato de sodio, cloruro de sodio y agua (McBain y Langdon, 1925) y oleato de potasio, cloruro de potasio y agua (McBain y Elford, 1926). En 1940, también empleando la microscopía polarizante a altas temperaturas, McBain, junto con Robert Vold y Mary Frick, publicaron un diagrama de fases del sistema estearato de sodio-agua (McBain, Vold y Frick, 1940). En estos trabajos, el grupo de McBain descubrió a las fases nítida e intermedia, que corresponden, respectivamente, a las fases laminar y hexagonal.

Los primeros estudios de las fases liotrópicas por difracción de rayos X en pequeño ángulo se realizaron en la década de 1940 (McBain y Hoffman, 1949). En 1957, Vittorio Luzzati, H. Mustacchi y A. Skoulios (Luzzati, Mustacchi y Skoulios, 1957) realizaron un estudio de las estructuras de las fases presentes en sistemas formados por palmitato de potasio y agua en función de la concentración del jabón (10 a 90 por ciento) y la temperatura (20º C a 100ºC). El equipo usado por estos investigadores podía obtener diagramas de difracción en pequeño ángulo para temperaturas de hasta 150 ºC. A 100 ºC detectaron las siguientes fases: para concentraciones comprendidas entre 10 y 30 por ciento el sistema no presentaba picos nítidos de difracción; entre alrededor de 33 y 53 por ciento, en la región que se conocía como intermedia, aparecían una serie de picos nítidos que correspondían a una relación de espaciados característicos de la que actualmente se conoce como fase hexagonal; entre 64 y 87 por ciento, en la denominada región nítida, los diagramas de difracción mostraban picos que indicaban una relación de espaciados típicos de la fase laminar. Al año siguiente, el mismo equipo de científicos realizó un estudio similar (Luzzati, Mustacchi y Skoulios, 1958) pero con lauratos, miristatos, palmitatos y estearatos de sodio y de potasio. Además de poder identificar las regiones correspondientes a las fases hexagonal y laminar, Luzzati, Mustacchi y Skoulios detectaron nuevas fases líquido cristalinas, a las que denominaron hexagonal compleja, cúbica e intermedia deformada.

En la calorimetría diferencial de barrido, la temperatura de transición de una fase a otra se detecta por la absorción o liberación de calor que se produce en esa transición. Este tipo de estudios permite determinar el rango de temperaturas en el que se presenta una cierta fase con una buena exactitud, pero para identificarla se debe recurrir a la difracción de rayos X o, en su defecto, a la microscopía polarizante.

Bibliografía

BARÓN, M. 2001. Definitions of basic terms relating to low-molar-mass and polymer liquid crystals. Pure and Applied Chemistry, 73 (5): 845-895.

BOLTENHAGEN, P, LAVRENTOVICH, O. y KLEMAN, M. 1991. Oily streaks and focal conic domains in Lá lyotropic liquid crystals. Journal de Physique II France, 1: 1233-1252.

BRAGG, W. H, BRAGG, W. L. 1939. "The Crystalline State", volumen I, capítulo II, G. Bell and Sons Ltd, Londres, 12-21.

BROWN, G. H., SHAW, W. G. 1957. The mesomorphic state. Chemical Reviews, 57: 1049-1156.

FRIEDEL, G. 1922. Les états mésomorphes de la matière. Annales de Physique, 18: 273–474.

GRAY, G. W. 1953. A heating instrument for the accurate determination of mesomorphic and polymorphic transition temperatures. Nature, 172: 1139-1141.

GRAY, G. W. 1962. Molecular Structure and the Properties of Liquid Crystals, capítulo II, Academic Press, Londres, 17-54.

HURLBUT, C. S. 1980. "Manual de Mineralogía de Dana". Reverté, Barcelona, 653 pp.

HYDE, S. T. 2001. Identification of lyotropic liquid crystalline mesophases, capítulo 16 de Holmberg, K. (editor) Handbook of Applied Surface and Colloid Chemistry, John Wiley & Sons,Ltd., 299-332.

ISRAELACHVILI, J., MITCHELL, D. J., NINHAM, B. W. 1976. Theory of self-assembly of hydrocarbon amphiphiles into micelles and bilayers. Journal of the Chemical Society, Faraday Transactions 2, (72): 1525-1568.

LEHMANN, O. 1889. Über fliessende krystalle. Zeitschrift für Physikalische Chemie, 4: 462-472.

LUZZATI, V., MUSTACCHI, H., SKOULIOS, A. 1957. Structure of the liquid-crystal phases of the soap-water system: middle soap and neat soap. Nature, 180: 600-601.

LUZZATI, V., MUSTACCHI, H., SKOULIOS, A. 1958. The structure of the liquid-crystal phases of some soap + water systems. Discussions of the Faraday Society, 25: 43-50.

MCBAIN, J. W., ELFORD, W. J. 1926. The equilibria underlying the soap-boiling processes. The system potassium oleate-potassium chlorhide-water. Journal of the Chemical Society, Part 1: 421-438.

MCBAIN, J. W., HOFFMAN, O. A.1949. Lamellar and other micelles, and solubilization by soaps and detergents. Journal of Physical Colloid Chemistry, 53: 39-55.

MCBAIN, J. W., LANGDON, G. M. 1925. The equilibria underlying the soap-boiling processes. Pure sodium palmitate. Journal of the Chemical Society, 127 (1): 852-870.

MCBAIN, J. W., VOLD, R. D. y FRICK, M. 1940. A phase rule study of the system sodium stearate-water. The Journal of Physical Chemistry, 44: 1013-1024.

NAGARAJAN, R. 2002. Molecular packing parameter and surfactant self-assembly: The neglegted role of the surfactant tail. Langmuir, 18: 31-38.

PARESH, C. D, TIBURU, E. K. NUSAIR, N. A. y LORIGAN, G. A. 2003. Calculating order parameter profiles utilizing magnetically aligned phospholipid bilayers for ^{2}H solid-state NMR studies. Solid State Nuclear Magnetic Resonance, 24: 137-149.

PASQUALI, R. C., BREGNI, C., SERRAO, R. 2005. Geometría de micelas y otros agregados de sustancias anfifílicas. Acta Farmacéutica Bonaerense, 24 (1): 19-30.

PERSHAN, P. S. 1982. Lyotropic liquid crystals. Physics Today, 35 (5): 34-39.

PERSSON, G. 2003. "Amphiphilic Molecules in Aqueous Solution. Effects of Some Different Counterions. The Monoolein/Octyglucoside/Water System". Doctoral Thesis. Department of Chemistry, Biophysical Chemistry, Umeá University and Department of Natural and Environmental Sciences, Mid Sweden University, Sweden, 15-16.

PHILLIPS, R. 1971. "Mineral Optics. Principles and Techniques", capítulo 5, W. H. Freeman and Company, Estados Unidos, 75-88.

ROSEVEAR, F. B. 1954. The microscopy of the liquid crystalline neat and middle phases of soaps and synthetic detergents. The Journal of the American Oil Chemists´Society, 31: 628-639.

ROSEVEAR, F. B. 1968. Liquid crystals: The mesomorphic phases of surfactant compositions. Journal of the Society of Cosmetic Chemists, 19: 581-594.

SCRIVEN, L. E. 1976. Equilibrium bicontinuous structure. Nature, 263: 123–125.

SEDDON, J. M., TEMPLER, R. H.1995. "Polymorphism of Lipid-Water Systems", capítulo 3 de Lipowsky, R. y E. Sackmann (editores) Handbook of Biological Physics, Volumen 1, Elsevier Science B. V., 98-160.

WINSOR, P. A. 1968. Binary and multicomponent solutions of amphiphilic compounds. Solubilization and the formation, structure, and theorical significance of liquid crystalline solutions. Chemical Reviews, 68 (1): 1-40.

IV

Agregados De Sustancias Anfifílicas

Las dispersiones acuosas de las sustancias anfifílicas poseen ciertas particularidades que las distinguen de las soluciones de otros tipos de sustancias. Así, por ejemplo, al determinarse las temperaturas de ebullición de dispersiones de jabones potásicos en agua se obtienen valores inferiores a los esperados para un soluto formado por iones no asociados entre sí. Estos valores se encuentran más cerca de los que corresponderían a un no electrolito que a los esperados en un electrolito: una dispersión acuosa 0,5 molar de estearato de potasio hierve, a la presión atmosférica estándar, a 100,17 ºC, es decir, más cercano al punto de ebullición de una solución de un no electrolito en esa concentración (100,24 ºC), que de un electrolito tal como el acetato de potasio 0,5 molar (100,46 ºC) (Glasstone, 1979).

Para explicar esos y otros resultados, McBain desarrolló, a partir de 1913, la idea de que, en soluciones acuosas muy diluidas, los jabones se comportan como las sales ordinarias y están ionizados en el catión del metal alcalino y el anión del ácido graso. A concentraciones más elevadas, en cambio, se supone que los aniones se agregan entre sí para formar micelas iónicas en las cuales la parte hidrocarbonada de cada anión se encuentra en el interior y la parte polar hacia afuera (Figura 4.1). Además, los valores relativamente elevados de las viscosidades de estas dispersiones sugieren que la superficie de las micelas está hidratada. Como las micelas iónicas poseen masas moleculares relativas elevadas, su contribución a las propiedades coligativas, tal como la elevación del punto de ebullición, será despreciable y los efectos observados se deberán casi totalmente al catión metálico (Glasstone, 1979).

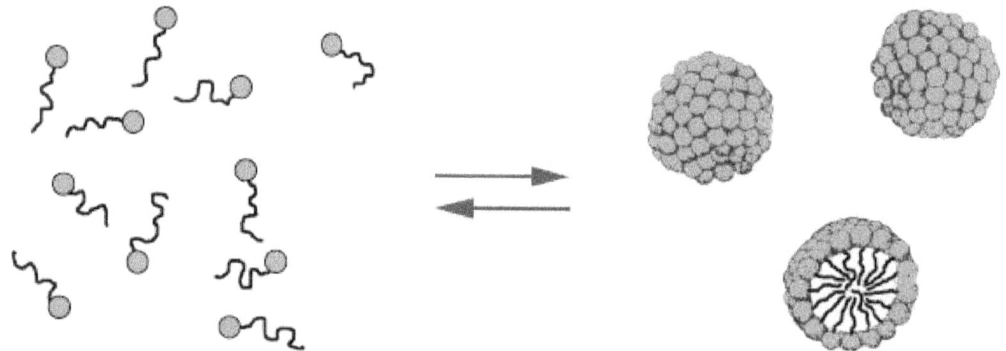

Figura 4.1. A concentraciones iguales o mayores a la micelar crítica, las moléculas o iones de los tensioactivos se agrupan en micelas

Zonas lipofílica e hidrofílica de una molécula anfifílica

En los textos elementales de Química Orgánica y de Bioquímica se suele tomar como límite entre las partes hidrofílica y lipofílica al primer átomo de carbono de la cadena hidrocarbonada (Figura 4.2).

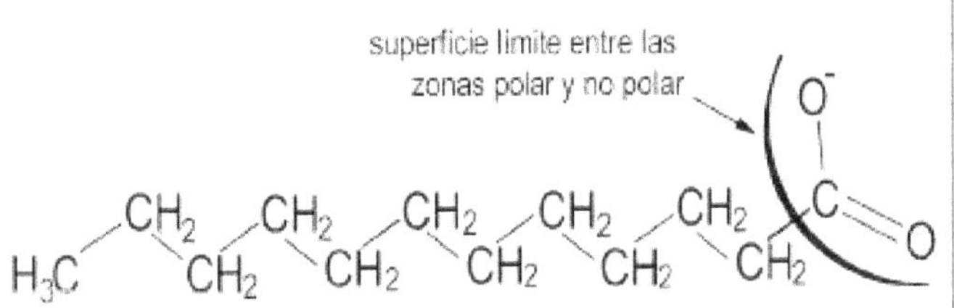

Figura 4.2. Límite entre las zonas polar y no polar de un jabón de acuerdo con la mayor parte de los libros de texto de Química Orgánica y de Bioquímica.

En un trabajo pionero publicado en *Discussions of the Faraday Society*, Luzzati, Mustacchi y Skoulios (1958) consideraron que la superficie de separación de las zonas ocupadas, respectivamente, por la cadena hidrocarbonada y por el agua y la parte polar de las moléculas de un jabón, se encuentra a mitad de camino entre el átomo de carbono y los átomos de oxígeno del grupo carboxilato (Figura 4.3).

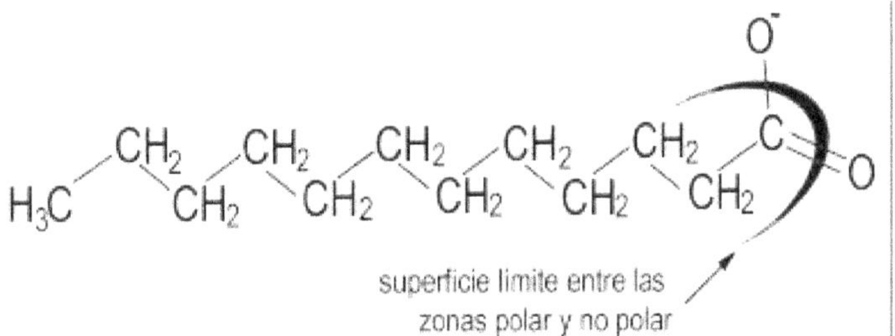

Figura 4.3. Límite entre las zonas polar y no polar de un jabón de acuerdo con Luzzati, Mustacchi y Skoulios (1958).

Charles Tanford, del *Duke University Medical Center* de Carolina del Norte, Estados Unidos, realizó estudios sobre la forma y tamaño de las micelas y, también, sobre aspectos termodinámicos de su formación. Además, desarrolló el concepto de efecto hidrofóbico. Para este investigador (Tanford, 1972 y 1978), las intensas fuerzas entre la parte polar de la molécula de la sustancia anfifílica y las moléculas de agua que la rodean neutralizan el grupo metileno adyacente al grupo polar. Por esta razón, Tanford suponía que este grupo metileno, y posiblemente algunos más, no formaba parte del núcleo hidrocarbonado de las micelas sino de la parte polar (Figura 4.4).

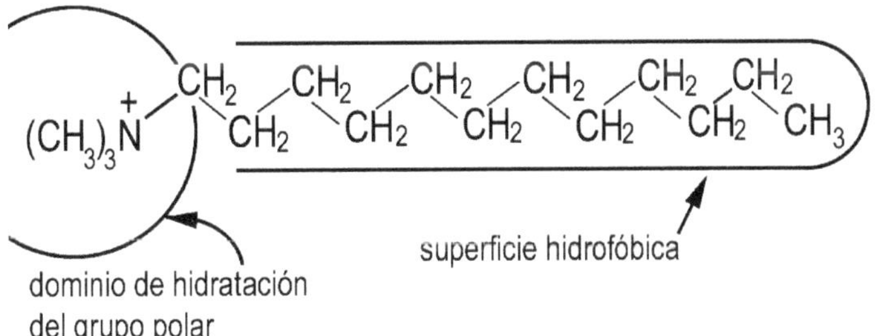

Figura 4.4. Diagrama esquemático de un anfifilo en agua, de acuerdo con la suposición de Tanford (1978).

La suposición de Tanford estaba apoyaba por las investigaciones experimentales de J. Clifford y B. A. Pethica (1964). Mediante estudios de resonancia magnética nuclear, estos investigadores midieron el desplazamiento químico de los protones del agua en dispersiones de distintas concentraciones de alquilsulfatos de sodio con una cantidad de átomos de carbono comprendida entre 2 y 12. Observaron que, para el octilsulfato de sodio, el desplazamiento químico de los protones del agua es de 0,20 ppm por mol de alquilsulfato y por 1.000 g de agua para las moléculas libres, mientras que para las que se encuentran en forma de micelas es de sólo 0,09 ppm por mol de alquilsulfato y por 1.000 g de agua. Para las moléculas libres de esta sustancia anfifílica, el desplazamiento químico de los protones del agua por grupo metileno es igual a 0,20 / 7 = 0,029 ppm por mol de CH_2 y por 1.000 g de agua. Como el desplazamiento químico de los protones del agua debido al octilsulfato de sodio en forma de micelas es igual a 0,09 ppm por mol de alquilsulfato y por 1.000 g de agua, se deduce que los tres grupos metileno más cercanos al anión sulfato se encuentran en contacto con el agua y los restantes pertenecen al núcleo hidrocarbonado (el valor de 0,09 ppm por mol de octilsulfato de sodio en forma de micelas y por 1.000 g de agua es prácticamente igual al triple de 0,029 ppm por mol de CH_2 y por 1.000 g de agua). A la misma conclusión se llega analizando los resultados de Clifford y Pethica para el laurilsulfato de sodio.

En un estudio sobre la termodinámica de la formación de micelas de fosfolípidos, Heiko Heerklotz y Richard Epand (2001) cuantificaron las entalpías y entropías de las interacciones debidas al área de las cadenas hidrocarbonadas aparentemente expuestas al agua, al ordenamiento de las cadenas y a los grupos polares. Analizando los cambios de las capacidades caloríficas molares a presión constante, estos investigadores llegaron a la conclusión que en las lisofosfatidicolinas (con cadenas hidrocarbonadas de 10, 12, 14 y 16 átomos de carbono), se encuentran expuestos al agua, con una superficie de casi 1 nm^2, alrededor de tres grupos metileno, mientras que para las diacilfosfatidicolinas (con cadenas hidrocarbonadas de 5, 6 y 7 átomos de carbono) se hallan expuestos dos grupos metileno, a los que les corresponden un área de 0,7 nm^2. Para medir esas capacidades caloríficas, Heerklotz y Epand emplearon una técnica conocida como calorimetría por titulación isotérmica.

El núcleo hidrocarbonado

Las investigaciones realizadas por Luzzati, Mustacchi y Skoulios (1957 y 1958; Luzzati *et al.*, 1960) confirman que, dentro del núcleo de la micela, las cadenas hidrocarbonadas poseen una movilidad similar a las de las moléculas de los hidrocarburos líquidos y llenan completamente el núcleo hidrocarbonado. Por esta razón, se dice que las cadenas hidrocarbonadas se encuentran, dentro del núcleo de las micelas, en el estado líquido. La prueba más concluyente se obtuvo por difracción de rayos X de dispersiones acuosas de jabones: para un espaciado de 0,45 nm aparece una banda difusa similar a la que se observa con los alcanos lineales en estado líquido, tales como el tetradecano y el hexadecano.

Empleando 2,2,6,6-tetrametilpiperidina-1-oxil como marcador en estudios de resonancia paramagnética electrónica, Wayne Hubbel y Harden McConnell (1968) demostraron que ciertos sistemas de membranas biológicas excitables, tales como el nervio vago del conejo, el nervio motor de la pierna de la langosta marina americana (*Homarus americanus*) y la membrana excitable de los músculos, contienen regiones hidrofóbicas, similares a líquidos de baja viscosidad, que forman parte de los componentes lípidos de las membranas.

M. Shinitzky, A. C. Dianoux, C. Gitler y G. Weber (1971), al realizar mediciones del grado de despolarización de un hidrocarburo fluorescente, el 2-metilantraceno, demostraron que el interior de las micelas poseen una naturaleza similar a la de los hidrocarburos alifáticos. Empleando estos ensayos de fluorescencia en micelas de bromuros de dodeciltrimetilamonio, tetradeciltrimetilamonio, hexadeciltrimetilamonio y octadeciltrimetilamonio, los investigadores lograron medir las viscosidades de las cadenas hidrocarbonadas (a las que se denominan microviscosidades) a 27 ºC, y obtuvieron valores comprendidos entre 17 y 50 mPa.s. Estos coeficientes de viscosidad son superiores a los de los alcanos con igual cantidad de átomos de carbono en sus moléculas que las cadenas hidrocarbonadas, pero igualmente corresponden a líquidos con viscosidades relativamente bajas. Así, por ejemplo, el coeficiente de viscosidad a 25 ºC del dodecano es 1,35 mPa.s, del tetradecano a 20 ºC es 2,18 mPa.s, del hexadecano a 20 ºC es 3,34 mPa.s y la del octadecano a 40 ºC es 2,86 mPa.s (Weast, 1979). Shinitzky, Dianoux, Gitler y Weber también demostraron que esas microviscosidades decrecen exponencialmente con la temperatura absoluta de acuerdo con la ecuación de Andrade (1954), a las que les corresponde energías de activación comprendidas entre 26.000 y 40.000 J/mol.

Las evidencias experimentales sugieren que el núcleo de las micelas está formado exclusivamente por las cadenas hidrocarbonadas de la sustancia anfifílica y que, por lo tanto, no contiene agua en su interior. El único dato en contra de esta suposición se basa en las investigaciones de la estructura de micelas realizadas por Norbert Muller y Ronald Birkhahan (1967) por resonancia magnética nuclear de flúor. Estos investigadores usaron en sus experiencias micelas formadas por dispersión de las sales sódicas de los ácidos 10,10,10-triflúordecanoico, 12,12,12-triflúordodecanoico y 13,13,13-triflúortridecanoico. Los resultados que obtuvieron Muller y Birkhahan indican un desplazamiento químico para el flúor de 2,66 ppm en las micelas, valor intermedio a los que corresponde a las moléculas libres disueltas en agua (1,38 ppm) y a los grupos triflúormetilo en un ambiente exento de agua (3,8 ppm). Estos valores indicarían una importante penetración de agua en el interior de las micelas. Se podría justificar este resultado suponiendo que se forman enlaces puente hidrógeno entre las moléculas de agua y los átomos de flúor debido a la elevada electronegatividad de este elemento, lo que permitiría que cierta cantidad de moléculas de agua pasen a formar parte del núcleo hidroflúorcarbonado de las micelas.

El efecto hidrofóbico

Al disolver una pequeña cantidad de un hidrocarburo en agua, actúan entre las moléculas de ambas sustancias fuerzas de atracción de van der Waals muy débiles. Esto se debe a que el efecto inductivo de las moléculas de agua (que son polares) sobre los grupos metileno del hidrocarburo es muy pequeño, ya que estos grupos poseen una baja polarizabilidad. Por esta razón, sumado a que cuando una sustancia se disuelve se consume energía para producir un hueco, el proceso de disolución de los hidrocarburos en agua es poco exotérmico. Cuando se forma esta solución, las moléculas de hidrocarburo se rodean por moléculas de agua, que forman una estructura ordenada (clatrato) (Figura 4.5) y, por lo tanto, de baja entropía, que se mantiene por uniones puente hidrógeno. Por lo tanto, en la disolución de un hidrocarburo en agua se libera poco calor (el valor absoluto de la variación de entalpía, ΔH, es pequeño) y se produce una disminución de entropía, *S*.

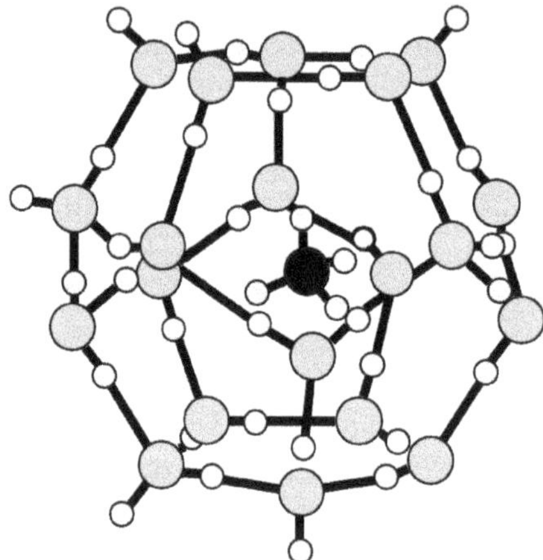

Figura 4.5. Clatrato con una molécula de metano en su interior (dibujo del autor).

Si se tiene en cuenta que, a temperatura y presión constantes, la variación de la función de Gibbs, ΔG, está dada por $\Delta H - T\Delta S$, resulta que, cuando se quiere disolver en agua una proporción considerable de un hidrocarburo, se llega a que la variación de la función de Gibbs toma un valor positivo, lo que hace que este proceso no sea espontáneo desde el punto de vista termodinámico y el exceso de hidrocarburo se separe como una fase insoluble. A este aparente rechazo de un hidrocarburo por el agua se lo denomina efecto hidrofóbico.

Cuando se disuelve un tensioactivo, las interacciones entre las moléculas de agua y la parte polar del tensioactivo son mucho mayores que con la cadena hidrocarbonada. Alrededor de esta última, las moléculas de agua se ordenan de la misma forma que lo hacen con las moléculas de hidrocarburo. Cuando se sobrepasa la concentración micelar crítica, la disminución de entropía que produce esta distribución ordenada de las moléculas de agua hace que el proceso de disolución no se vea favorecido termodinámicamente. Cuando se forman las micelas, en cambio, se produce un aumento de la entropía debido a que en su interior las cadenas hidrocarbonadas se encuentran desordenadas, en forma similar a las de un hidrocarburo líquido.

Características geométricas de las micelas y otros agregados

Las principales características geométricas de las micelas son la forma, el tamaño, la cantidad de cadenas hidrocarbonadas que contienen en sus núcleos y el área disponible para el dominio polar por cadena hidrocarbonada.

De acuerdo con su forma, las micelas pueden ser esféricas, elipsoidales, cilíndricas, vermiformes y bicapas.

El tamaño de las micelas depende del radio de la cadena hidrocarbonada totalmente extendida ($l_{máx}$). Si la cadena hidrocarbonada contiene n_C átomos de carbono, si no posee ramificaciones y si todos los enlaces entre los átomos de carbono son simples, su largo máximo está dada por la Ecuación 4.1 (Pasquali, Bregni y Serrao, 2005):

$$l_{\text{máx}} = 0{,}15 + 0{,}1265 \cdot n_C \qquad [4.1]$$

El largo máximo de las cadenas hidrocarbonadas equivale al largo crítico (l_c) que figura en la ecuación que define al parámetro crítico de acomodamiento. Esta longitud se calculó teniendo en cuenta que el primer grupo metileno pertenece al dominio de hidratación y no a la zona lipofílica.

La cantidad de cadenas hidrocarbonadas por micela (N) es igual al cociente entre el volumen del núcleo lipofílico (V) y el volumen de una cadena hidrocarbonada (v) (Ecuación 4.2).

$$N = \frac{V}{v} \qquad [4.2]$$

El volumen del núcleo de la micela depende de su forma y del largo de la cadena hidrocarbonada. El volumen de una cadena saturada y lineal que contiene n_C átomos de carbono se puede obtener a partir de los volúmenes correspondientes a los grupos metilo y metileno que obtuvieron Reiss-Husson y Luzzati (1964) o a partir de las densidades de los alcanos líquidos no ramificados (Pasquali, Bregni y Serrao, 2005). El valor que se obtiene a 25 ºC a partir del trabajo de es Reiss-Husson y Luzzati (Ecuación 4.3):

$$v = 0{,}0272 + 0{,}0270 \cdot n_C \qquad [4.3]$$

Micelas esféricas

En las micelas esféricas (Figura 4.6), el radio r_0 del núcleo hidrocarbonado no puede exceder $l_{máx}$ y el número máximo de cadenas hidrocarbonadas por micela N está determinado únicamente por la cantidad de átomos de carbono (Ecuaciones 4.4 a 4.6).

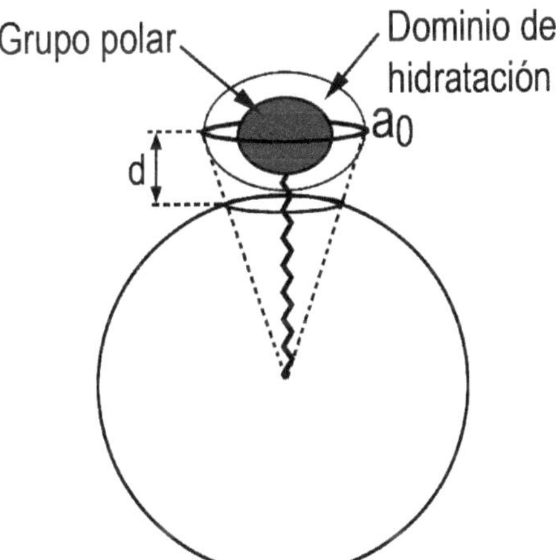

Figura 4.6. Micela esférica.

$$N = \frac{\frac{4}{3}\pi \cdot r_0^3}{v} \qquad [4.4]$$

$$N = \frac{4\pi \cdot (0{,}15 + 0{,}1265 \cdot n_C)^3}{3 \cdot (0{,}0272 + 0{,}0270 \cdot n_C)} \qquad [4.5]$$

$$N = \frac{(0{,}15 + 0{,}1265 \cdot n_C)^3}{0{,}00641 + 0{,}00636 \cdot n_C} \qquad [4.6]$$

El área S disponible para los grupos polares de todas las moléculas presentes en el agregado, dividida por la cantidad de cadenas hidrocarbonadas, da el área disponible para los grupos polares por cadena hidrocarbonada (S/N). Para las sustancias anfifílicas con una cadena hidrocarbonada simple, el área por cadena hidrocarbonada es equivalente al área por molécula (S/m), una magnitud que permite medir el área disponible para los grupos polares de las moléculas de las sustancias anfifílicas. Debido a que parte de la cadena lipofílica está fuera del núcleo hidrocarbonado, el grupo polar de la sustancia anfifílica se encontrará a una cierta distancia d de la parte exterior de ese núcleo y a una distancia r del centro de la micela esférica, que es igual al radio r_0 del núcleo hidrocarbonado adicionado de la distancia d (Ecuación 4.7)

$$r = r_0 + d \qquad [4.7]$$

Un valor típico para la distancia d es 0,2 nm.

Para las micelas esféricas, la superficie a una distancia d de la parte exterior del núcleo hidrocarbonado es (Ecuaciones 4.8 y 4.9):

$$S = 4\pi r^2 = 4\pi (r_0 + d)^2 \qquad [4.8]$$

O bien:

$$S = 4\pi (l_{máx} + d)^2 = 4\pi (0{,}15 + 0{,}1265 \cdot n_C + d)^2 \qquad [4.9]$$

El área por cadena hidrocarbonada se obtiene dividiendo el valor obtenido de S por la cantidad de cadenas lipofílicas por micela.

Las micelas esféricas son las que poseen una mayor área disponible por cadena hidrocarbonada. Esto significa que se pueden formar este tipo de micelas con sustancias anfifílicas que poseen una zona polar arealmente extensa. Esta área disminuye al aumentar la cantidad de átomos de carbono de la cadena hidrocarbonada de la sustancia anfifílica. Para una cadena de doce átomos de carbono, el área por cadena hidrocarbonada es igual a 0,790 nm^2 a una distancia de 0,2 nm del núcleo hidrocarbonado.

Micelas elipsoidales

Las micelas elipsoidales pueden tomar dos formas:

1) Elipsoide oblato

El elipsoide oblato (Figura 4.7) es el cuerpo que se obtiene haciendo rotar una elipse alrededor de su eje menor. El nombre de este elipsoide deriva del latín *oblâtus*, que es el participio de *offĕro*, que significa *poner delante*, entre otros significados.

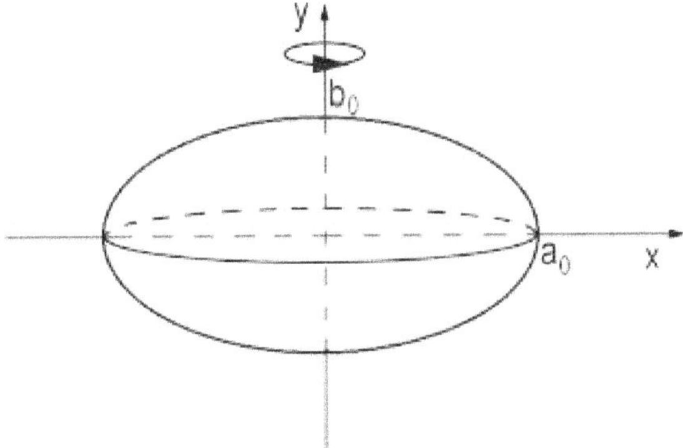

Figura 4.7. Elipsoide oblato.

2) Elipsoide prolato.

El elipsoide prolato (Figura 4.8) se forma al rotar una elipse alrededor de su eje mayor. El nombre deriva del latín *prôlâto*, que significa agrandar o ensanchar.

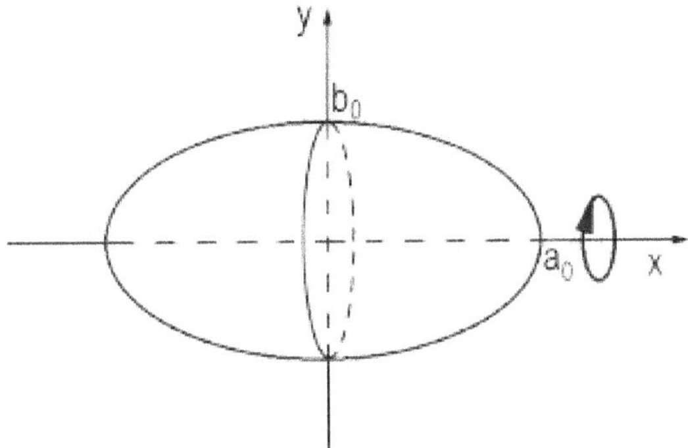

Figura 4.8. Elipsoide prolato.

Para incorporar en una micela una gran cantidad de cadenas hidrocarbonadas se requiere una distorsión de su forma. La posibilidad más simple se da con una forma de un elipsoide de revolución: el semieje menor b_0 no debe exceder la longitud $l_{máx}$ de la cadena lipofílica extendida contenida en el núcleo hidrocarbonado, pero el semieje mayor a_0 no tiene limitaciones.

La formación de un elipsoide ($b_0 = l_{máx}$) a partir de una esfera ($r_0 = l_{máx}$) está acompañado de un incremento del área total (S), pero este incremento es menor que el del volumen.

En las micelas elipsoidales, la cantidad de cadenas hidrocarbonadas por micela aumenta a medida que la relación entre el semieje mayor y el menor se incrementa, mientras que el área por cadena hidrocarbonada disminuye. En estas micelas, los valores del área por cadena hidrocarbonada disminuyen al aumentar la cantidad de cadenas lipofílicas que forman sus núcleos hidrocarbonados.

Micelas cilíndricas

En las micelas cilíndricas (Figura 4.9), las moléculas de la sustancia anfifílica se disponen con la parte polar hacia afuera, en la superficie de un cilindro, y la no polar dirigida hacia el interior del mismo. El diámetro de cada cilindro es cercano al doble del largo máximo de la molécula, mientras que el largo es indefinido.

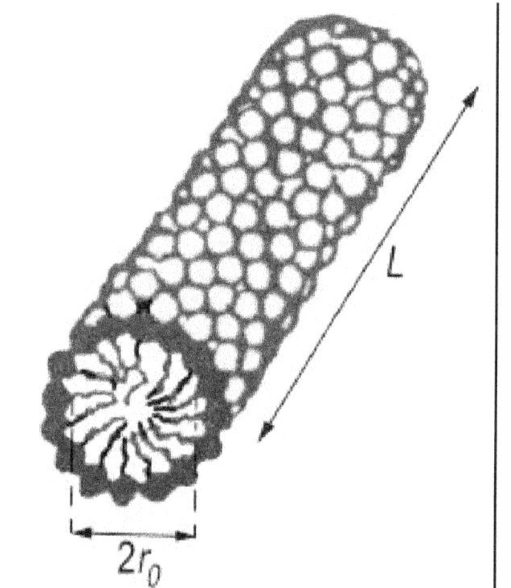

Figura 4.9. Corte transversal de una micela cilíndrica.

Un aumento de la concentración de la sustancia anfifílica conduce a la fase líquido cristalina hexagonal, en la cual los cilindros se disponen paralelos entre sí formando un empaquetamiento hexagonal.

En las micelas cilíndricas, el área disponible por cadena hidrocarbonada es prácticamente independiente de la cantidad de átomos de carbono de las cadenas lipofílicas y considerablemente menor que en las micelas esféricas. Para sustancias anfifílicas con doce átomos de carbono en sus cadenas hidrocarbonadas, el área por cadena hidrocarbonada es de 0,470 nm^2 a una distancia de 0,2 nm del núcleo hidrocarbonado.

Micelas vermiformes

Ciertas sustancias anfifílicas forman micelas similares a las cilíndricas, pero onduladas, con forma de gusano, y se las conoce con el nombre de vermiformes (en inglés "worm-like micelles"). Así, por ejemplo, las moléculas de alcohol cetílico etoxilado con 6 moles de óxido de etileno se agrupan en micelas vermiformes en presencia de en agua con pequeñas cantidades de dodecilsulfonato de sodio (Sommer, 2001).

Las micelas vermiformes suelen ser largas y flexibles, con longitudes que llegan al micrómetro (Figura 4.10). La sección transversal puede ser circular o elíptica (Arleth, 2003).

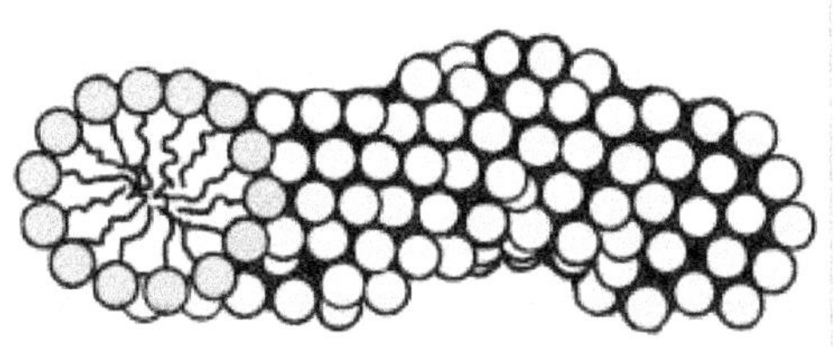

Figura 4.10. Corte transversal de una micela vermiforme.

Estas micelas se enredan entre sí, lo que imparte a la dispersión características viscoelásticas (Raghavan, Fritz y Kaler, 2002). La viscosidad de los champúes se debe a la presencia de micelas vermiformes (Penfield, 2005).

Bicapas

Cada bicapa consiste de una doble capa de moléculas de una sustancia anfifílica con las parte lipofílica dirigida hacia el interior y la parte polar hacia fuera de la lámina (Figura 4.11). El espesor de estas láminas es el doble del largo máximo de la molécula de la sustancia anfifílica.

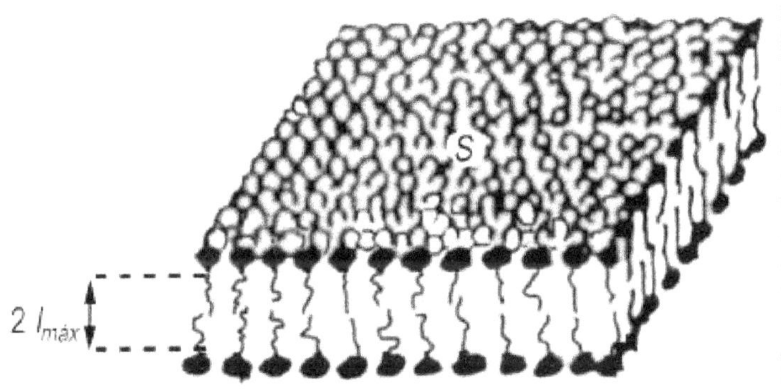

Figura 4.11. Bicapa.

Ciertas sustancias anfifílicas cuyas moléculas poseen dos grupos polares unidos por una larga cadena, a los que se conoce como tensioactivos "bola" (Yan *et al.*, 2003) (Figura 4.12), forman membranas constituidas por una sola capa de moléculas, cuya estructura es similar a la de una bicapa (Okahata y Kunitake, 1979).

Figura 4.12. Esquema de la molécula de un tensioactivo bola.

En las bicapas, el área por cadena hidrocarbonada alcanza un valor mínimo, que es prácticamente independiente de la cantidad de átomos de carbono que contiene la cadena hidrocarbonada. Para la mayor parte de los tensioactivos, esa área es igual a 0,21 nm^2 (Pasquali, Bregni y Serrao, 2005).

Vesículas

Las vesículas son estructuras esféricas que contienen bicapas de sustancias anfifílicas y un núcleo acuoso. De acuerdo a la cantidad de bicapas que contienen, las vesículas se clasifican en unilaminares (Figura 4.13) y multilaminares. Las vesículas constituidas por fosfolípidos se denominan liposomas (Florence y Attwood, 1998; Ostro, 1987).

Cuando el radio de una vesícula unilaminar es considerablemente mayor que el espesor del núcleo hidrocarbonado, el área disponible para el dominio polar tiende a 0,21 nm^2 por cadena lipofílica para gran parte de los tensioactivos usados comúnmente (Figura 4.14) (Pasquali, Bregni y Serrao, 2005).

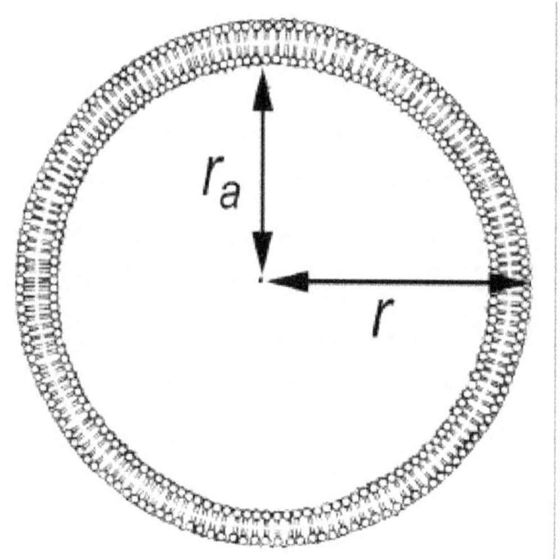

Figura 4.13. Vesicula unilaminar.

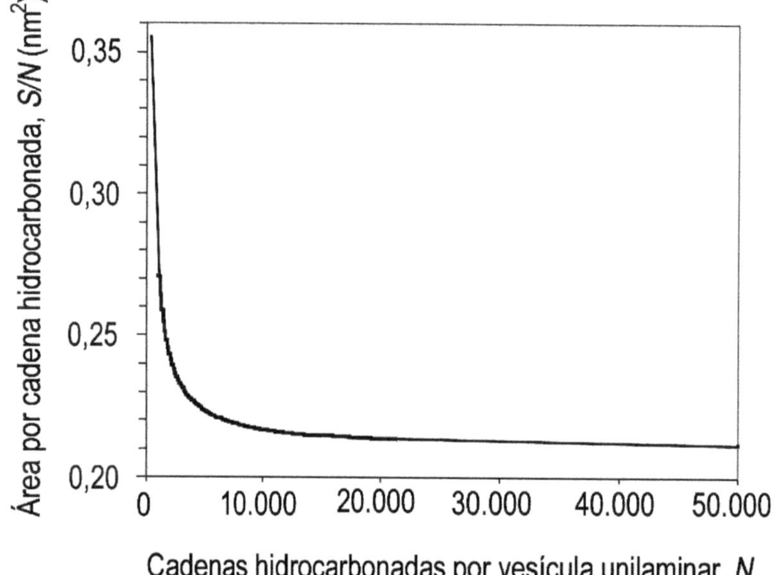

Figura 4.14. Área por cadena hidrocarbonada en vesículas unilaminares, a 0,2 nm del núcleo hidrocarbonado, en función de la cantidad de cadenas hidrocarbonadas para tensioactivos cuyas cadenas hidrocarbonadas contienen doce átomos de carbono.

Micelas tubulares

En los estudios de difracción de rayos X de dispersiones de jabones de sodio y potasio derivados de los ácidos mirístico, palmítico y esteárico, Luzzatti, Mustacchi y Skoulios (1958) identificaron una fase líquido cristalina a la que denominaron fase "H" o hexagonal compleja. Esta fase se presenta en un pequeño rango de concentración entre las fases laminar y hexagonal. El modelo que propusieron para esta fase consiste en bicapas arrolladas en cilindros, que a su vez forman un empaquetamiento hexagonal, en las que el agua ocupa el interior y el exterior de las bicapas (Figura 4.15).

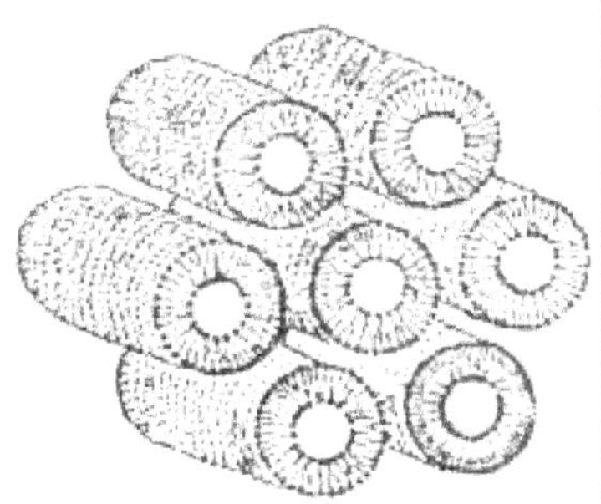

Figura 4.15. Modelo propuesto por Luzzati, Mustacchi y Skoulios(1958) para la fase hexagonal compleja.

En dispersiones diluidas, ciertos tensioactivos "bola" de amonio cuaternario forman estructuras tubulares (Okahata y Kunitake, 1979) similares al modelo propuesto por Luzzati, Mustacchi y Skoulios para la fase hexagonal compleja, pero en lugar de bicapas arrolladas en cilindros se forman monocapas.

En estos tipos de estructuras, los cálculos de la cantidad de cadenas hidrocarbonadas por micela y del área disponible por cadena hidrocarbonada son similares a los de las micelas cilíndricas.

Bibliografía

Growth behavior of mixed wormlike micelles: a small-angle scattering study of the lecithin-bile salt system. Langmuir,19: 4096-4104.

CLIFFORD, J., PETHICA, B. A. 1964. Properties of micellar solutions. Transactions of the Faraday Society, 60: 1483-1490.

FLORENCE, A. T., ATTWOOD, D. 1998. "Physicochemical principles of pharmacy". Tercera edición, Macmillan Press Ltd, Gran Bretaña.

GLASSTONE, S. 1979. "Tratado de Química Física". Aguilar, cuarta reimpresión de la séptima edición Madrid, 1180 pp.

HEERKLOTZ, H., EPAND, R. 2001. The enthalpy of acyl chain packing and the apparent water-accessible apolar surface area of phospholipids. Biophysical Journal, 80 (1): 271-279.

HUBBEL, W. L., MCCONNELL, H. M. 1968. Proceedings of the National Academy of Sciences of USA, 61: 12-16.

LUZZATI, V., MUSTACCHI, H., SKOULIOS, A. 1958. The structure of the liquid-crystal phases of some soap + water systems. Discussions of the Faraday Society, 25: 43-50.

LUZZATI, V., MUSTACCHI, H., SKOULIOS, A., HUSSON, F. 1960. La structure des colloïdes d´association. I. Les phases liquide-cristallines des systèmes amphiphile-eau. Acta Crystallographica, 13: 660-667.

MULLER, N., BIRKHAHN, R. H. 1967. Investigation of micelle structure by fluorine magnetic resonance. I. Sodium 10, 10, 10-trifluorocaprate and related compounds. The Journal of Physical Chemistry, 71 (4): 957-962.

OKAHATA, Y. KUNITAKE, T. 1979. Formation of stable monolayer membranes and related structures in dilute aqueous solution from two-headed ammonium amphiphiles. Journal of the American Chemical Society, 101 (18): 5231-5234.

OSTRO, M. J. 1987. Liposomas. Investigación y Ciencia, 126: 74-83.

PASQUALI, R. C., BREGNI, C., SERRAO, R. 2005. Geometría de micelas y otros agregados de sustancias anfifílicas. Acta Farmacéutica Bonaerense 24 (1): 19-30.

PENFIELD, K. A look behind the salt curve: The link between rheology, structure, and salt content in shampoo formulations. IFSCC Magazine, 8 (2): 115-120.

RAGHAVAN, S. R., FRITZ, G., KALER, E. W. 2002. Wormlike micelles formed by synergistic self-assembly in mixtures of anionic and cationic surfactants. Langmuir, 18: 3797-3803.

REISS-HUSSON, F., Y LUZZATI, V. 1964. The structure of the micellar solutions of some amphiphilic in pure water as determined by absolute smal-angle X-ray scattering techniques. The Journal of Physical Chemistry, 68 (12): 3504-3511.

SHINITZKY, M., DIANOUX, A. C., GITLER, C., WEBER, G. 1971. Microviscosity and order in the hydrocarbon region of micelles and membranes determined with fluorescent probes. I. Synthetic micelles. Biochemistry, 10 (11): 2106-2113.

SOMMER, C. 2001. "Structure and dynamics of charged worm-like micelles". PhD Thesis, Institute of Polymers, ETH Zurich and Physics Department, University of Fribourg, Switzerland.

TANFORD, C. 1972. Micelle shape and size. The Journal of Physical Chemistry, 76 (21): 3020-3024.

TANFORD, C. 1978. The hydrophobic effect and the organization of living matter. Science, 200: 1012-1018.

WEAST, R. C. (ed.) 1979. "CRC Handbook of Chemistry and Physics". CRC Press, 60 th edition, Boca Raton, Fda.

YAN, Y., HUANG, J., LI, Z., MA, J., FU, H., YE, J. 2003. Vesicles with superior stability at high temperatura. The Journal of Physical Chemistry B, 107 (7): 1479-1482.

V

Influencia de las Estructuras Liotrópicas en la Formación, Estabilización y Uso de Emulsiones

La inestabilidad de las emulsiones puede ser reversible o irreversible. La primera desaparece por agitación de la emulsión e incluye al cremado, la sedimentación y la floculación. Dentro de la inestabilidad irreversible está la coalescencia y la inversión de fases.

Las velocidades de cremado y de sedimentación (v) están dadas por la ley de Stokes (Ecuación 5.1):

$$v = \frac{2gr^2(\delta_g - \delta_m)}{9\eta} \qquad [5.1]$$

En la Ecuación 5.1, g es la aceleración de la gravedad, r el radio de las gotas, η la viscosidad del medio dispersante, δ_g es la densidad de las gotas y δ_m es la densidad del medio dispersante. Cuando la densidad de las gotas dispersas es menor que la densidad del medio dispersante, el signo de la velocidad es negativo y las gotas se concentran en la parte superior (cremado). En el caso contrario, la velocidad es positiva y las gotas se concentran en la pare inferior (sedimentación).

Durante la floculación se forman agregados de glóbulos que no se fusionan entre sí. En la coalescencia, en cambio, los glóbulos que forman un flóculo se fusionan entre sí. En la inversión de fases, la fase continua pasa a discontinua y viceversa.

La formación de una interfase con características con una interfase líquido cristalina (Figura 5.1) o gel estabiliza una emulsión debido a que impide la coalescencia. En este tipo de emulsiones se adsorben las moléculas del emulsionante (incluidas las de alcoholes de cadena larga y ácidos grasos, entre otras sustancias anfifílicas) en la interfase aceite-agua formando una multipaca (Friberg, 1971; Eccleston, 1990). Esta multicapa que rodea a las gotas de la emulsión reduce las interacciones de van der Waals entre las gotas de aceite y actúa como una barrera contra la coalescencia (Engels y Von Rybinski, 1999). Susuki, Takei y Yamazaki (1989) atribuyen la estabilidad de las emulsiones con cristales líquidos al incremento de la resistencia mecánica de la interfase aceite-agua y la fijación de las gotas de la emulsión a la estructura líquido cristalina.

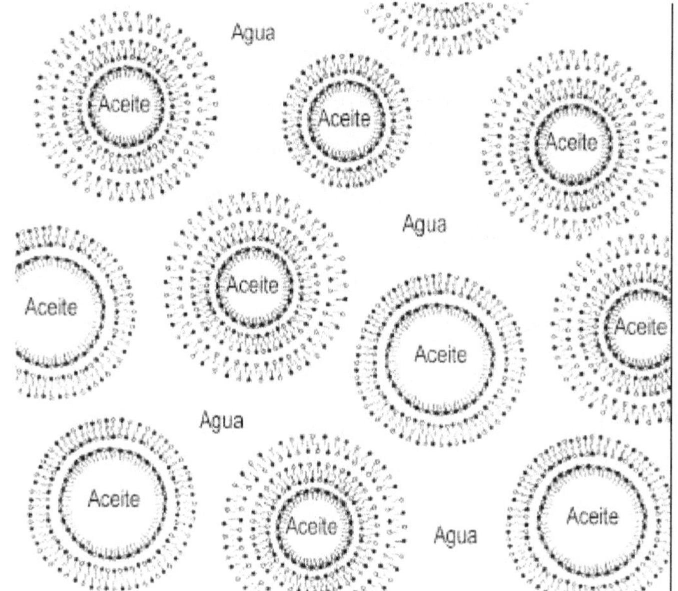

Figura 5.1. Esquema de una emulsión con interfase líquido cristalina (dibujo del autor).

Obtención de emulsiones a partir de concentrados líquido cristalinos

De acuerdo con Suzuki (1998; Suzuki, Takei y Yamazaki, 1989), se pueden obtener emulsiones formadas por gotas muy pequeñas (y, por lo tanto, muy estables) agregando la fase oleosa sobre una fase líquido cristalina que contiene parte de la fase acuosa, incluido el emulsionante. Después de formada una emulsión aceite en cristal líquido se agrega el resto de la fase acuosa, lo que conduce a la formación de una emulsión del tipo aceite en agua finamente dividida. Este método de emulsificación es independiente del HLB del emulsionante.

Suzuki, Takei y Yamazaki (1989) emplearon como emulsionante para obtener una fase líquido cristalina laminar al hidrógeno fosfato de 2-hexildecilo y arginina (Figura 5.2). En presencia de glicerina, la fase laminar se mantiene por agregado de ciertas sustancias oleosas, tales como la vaselina líquido, el escualano, el miristato de octildodecilo y el palmitato de isopropilo. Las emulsiones obtenidas por estos autores son transparentes, con aspecto de gel y la estructura líquido cristalina no es afectada por la temperatura. Al agregar agua a estos sistemas se obtienen emulsiones del tipo aceite en agua de baja viscosidad y con gotitas muy pequeñas, algunas de las cuales son translúcidas (miniemulsiones).

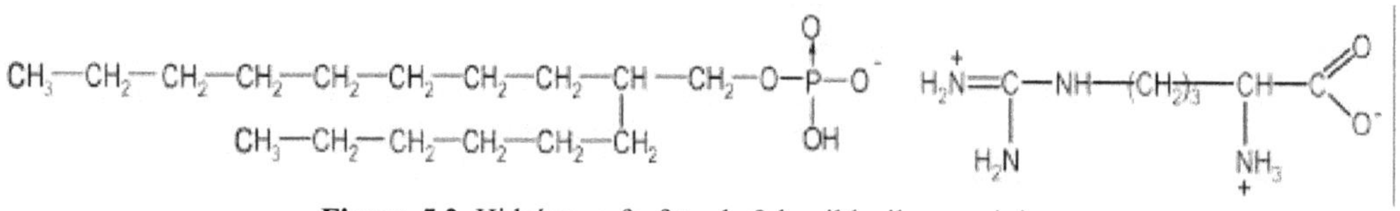

$CH_3-CH_2-CH_2-CH_2-CH_2-CH_2-CH_2-CH_2-CH(-CH_2-CH_2-CH_2-CH_2-CH_2-CH_3)-CH_2-O-P(=O)(OH)-O^-$ $\quad H_2N^+=C(-H_2N)-NH-(CH_2)_3-CH(-NH_3^+)-C(=O)O^-$

Figura 5.2. Hidrógeno fosfato de 2-hexildecilo y arginina.

Pasquali (Pasquali y Bregni, 2006; Pasquali, 2006) obtuvo emulsiones de vaselina líquido en agua, con características líquido cristalinas, partiendo de un concentrado líquido cristalino formado por una dispersión acuosa de un emulsionante compuesta por una mezcla equimolecular de ácido esteárico y estearato de trietanolamonio. Por agregado de vaselina líquido (Figura 5.3) se mantiene la estructura líquido cristalina, que corresponde a la fase hexagonal normal, la que, por dilución con agua, conduce a una emulsión del tipo aceite en agua con un tamaño promedio de los glóbulos de 1,5 micrómetro.

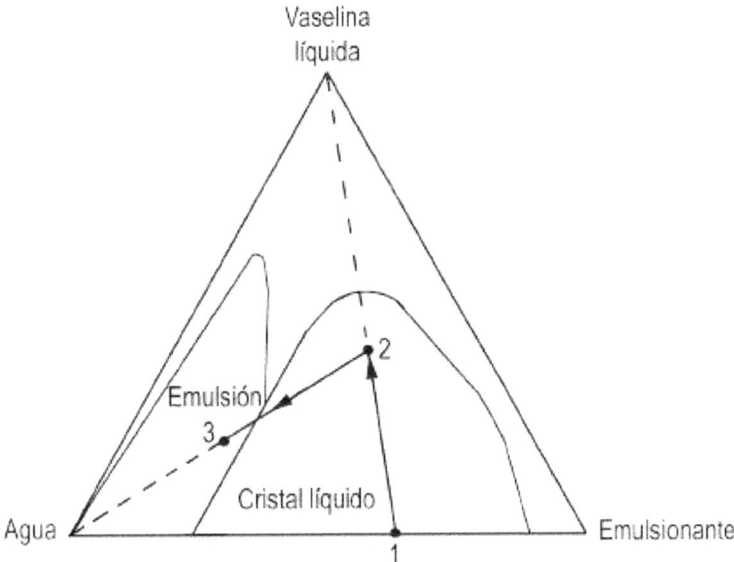

Figura 5.3. Etapas en la formación de una emulsión a partir de un concentrado líquido cristalino (tomado de Pasquali, 2006; Pasquali y Bregni, 2006).

En la Tabla 5.1 se dan las composiciones que corresponden a los puntos 1, 2 y 3 del diagrama triangular de la Figura 5.3. Se utilizó un ácido esteárico comercial de masa molecular relativa media igual a 270.

Componente	Composición en el punto 1	Composición en el punto 2	Composición en el punto 3
Ácido esteárico	50,00	30,00	15,00
Vaselina líquido	0,00	40,00	20,00
Propil parabeno	0,03	0,06	0,03
Trietanolamina	13,80	8,28	4,14
Metil parabeno	0,00	0,00	0,07
Agua	36,20	21,66	60,76

Tabla 5.1. Composiciones correspondientes a los puntos 1, 2 y 3 del diagrama de fases de la Figura 5.3.

Emulsiones con gotas secundarias

En ciertas emulsiones con características líquido cristalinas se observa la formación de gotas secundarias (Figura 5.4), que son agregados de gotas rodeadas por una estructura liotrópica laminar formada por un tensioactivo, un alcohol de cadena larga (o un ácido graso) y agua (Figura 5.5). Las curvas de distribución de tamaños de partículas en emulsiones con este tipo de agregados presenta dos máximos: uno para las gotas sin agrupar y otro para las gotas secundarias. Entre otras particularidades, las emulsiones con gotas secundarias presentan una velocidad de evaporación del agua menor que en las emulsiones ordinarias (Suzuki, Tsutsumi e Ishida,1984).

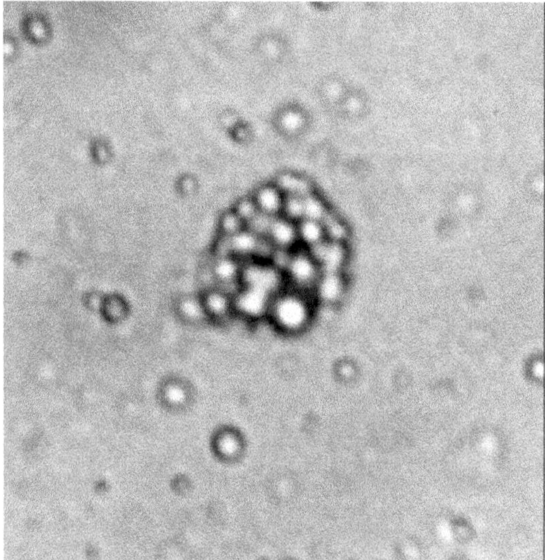

Figura 5.4. Gota secundaria (Foto del autor).

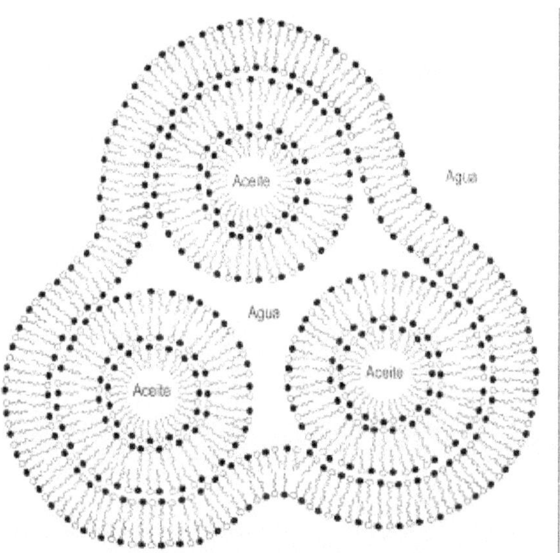

Figura 5.5. Esquema de una gota secundaria (dibujo del autor).

Suzuki, Tsutsumi e Ishida (1984) realizaron un estudio muy detallado sobre la formación, estructura y propiedades de las emulsiones con gotas secundarias. Estos investigadores realizaron un diagrama de fases de sistemas formados por distintas mezclas de polisorbato 60 y monooleato de glicerilo, que actúan como emulsionantes, vaselina líquido y cantidades variables de una mezcla de 1-hexadecanol y 1-octadenaol, en la proporción 3:2.

Pasquali (Pasquali y Bregni, 2006; Pasquali, 2006) obtuvo emulsiones de vaselina líquido con gotas secundarias cuya composición corresponde a la del punto 3 del diagrama de fases de la Figura 5.3 (Tabla 1). La proporción de gotas secundarias con respecto a las gotas ordinarias o primarias depende del método de preparación y aumenta cuando se incrementan las características líquido cristalinas de las emulsiones y, por lo tanto, la birrefringencia. Al preparar la emulsión siguiendo los pasos que se indican en la Figura 5.3 no se forman gotas secundarias y presenta baja birrefringencia (emulsión E1 de las Figuras 5.6 y 5.7). La emulsión E2 presenta una alta birrefringencia y una elevada proporción de gotas secundarias. Esta emulsión se preparó por dilución con agua de un concentrado con características líquido cristalinas que se elaboró añadiendo el ácido esteárico y la vaselina líquido, en caliente y agitando, a una mezcla formada por trietanolamina y parte del agua. La emulsión E3, preparada por agregado de la fase oleosa sobre la acuosa, también presenta una alta birrefringencia y una elevada proporción de gotas secundarias, mientras que la E4, formada por agregado de la fase acuosa sobre la oleosa, posee baja birrefringencia y pocas gotas secundarias.

Las emulsiones con mayor proporción de gotas secundarias (E2 y E3) son las que poseen menor viscosidad (Figura 5.8). La baja viscosidad de estas emulsiones se puede atribuir a la reducción del área de la interfase aceite-agua debida a la formación de las gotas secundarias, que es favorecida por la presencia de estructuras líquido-cristalinas. En la emulsión E4, la proporción de gotas secundarias es, por lo menos, un 50 % menor que en las anteriores, mientras que la viscosidad es algo mayor al doble. La mayor viscosidad se presenta en la emulsión E1, que no posee gotas secundarias. Estas dos últimas emulsiones son las menos birrefringentes.

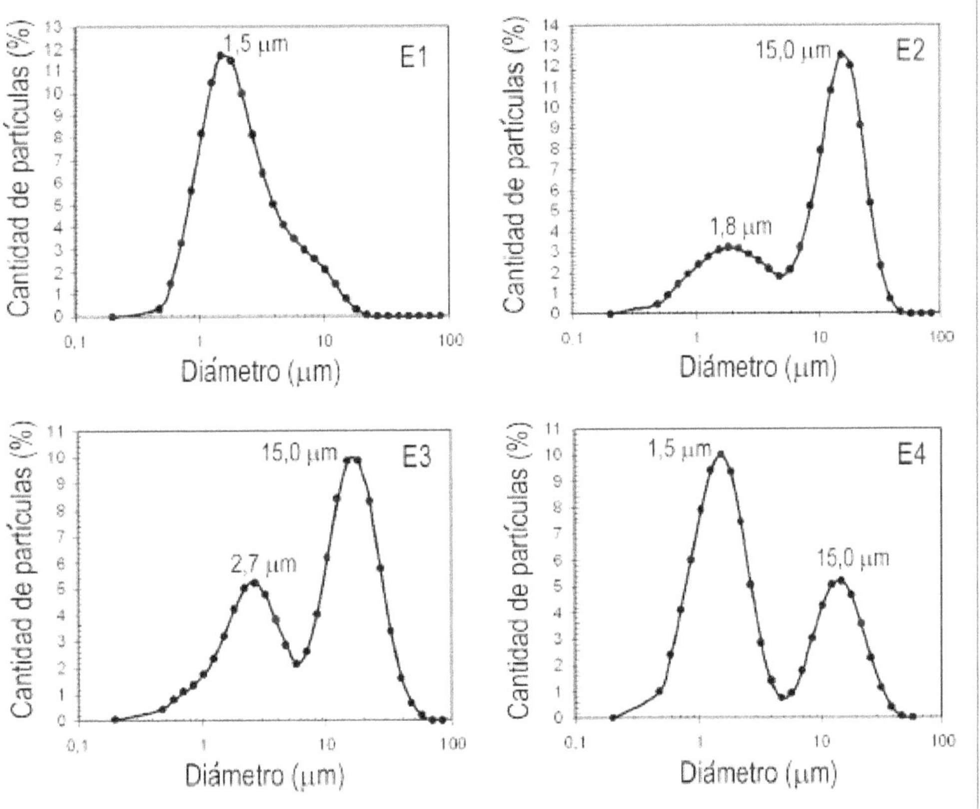

Figura 5.6. Distribución del tamaño de los glóbulos de la fase dispersa de cuatro emulsiones de igual composición preparadas de distintas maneras (tomado de Pasquali, 2006; Pasquali y Bregni, 2006).

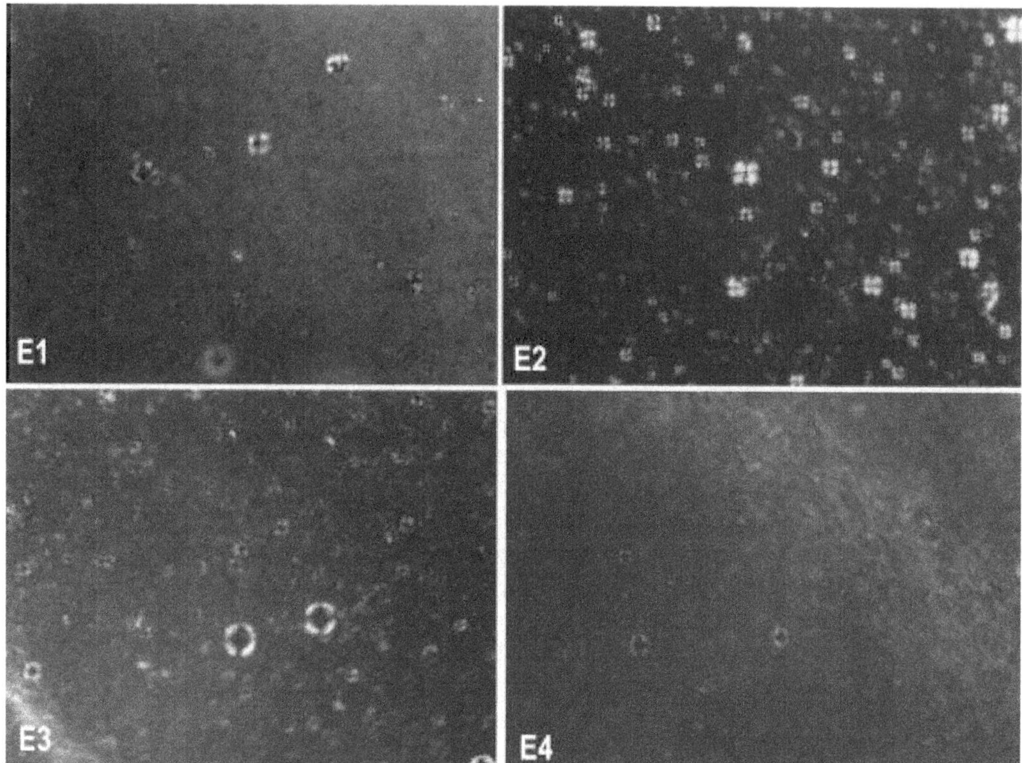

Figura 5.7. Microfotografías de las emulsiones E1, E2, E3 y E4 x 200 aumentos obtenidas con polarizadores cruzados (tomado de Pasquali, 2006; Pasquali y Bregni, 2006).

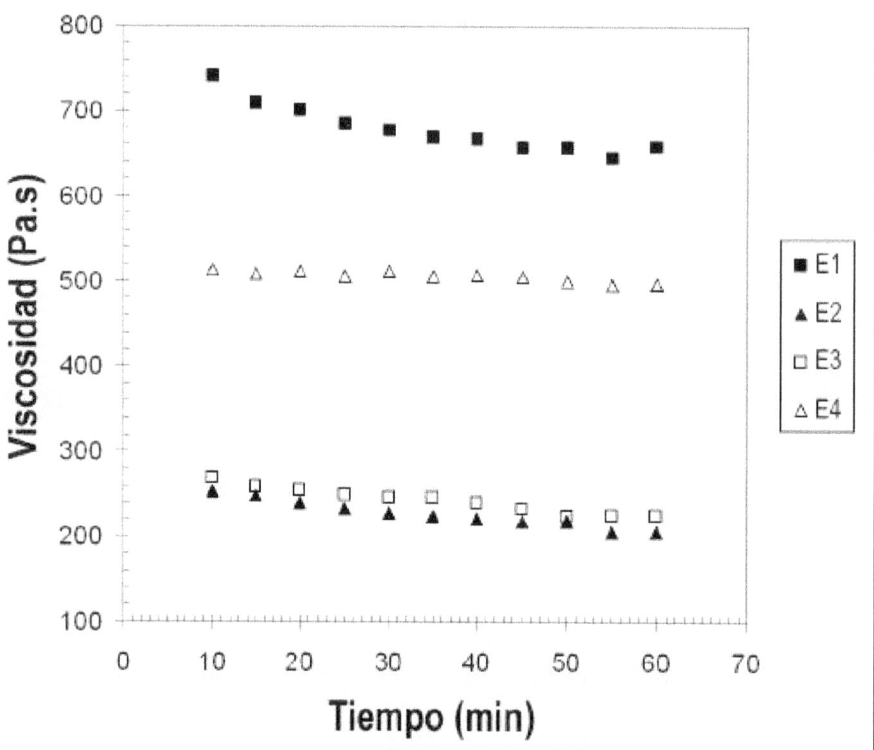

Figura 5.8. Viscosidad de las emulsiones E1 a E4 en función de la duración de la medición.

Desmaquillante líquido cristalino

Posiblemente la aplicación más ingeniosa de los cristales líquidos liotrópicos se debe a Suzuki y colaboradores (1992), quienes prepararon un desmaquillante en base a la información suministrada por un diagrama de fases realizado por ellos para un sistema consistente de un tensioactivo no iónico, un poliol, un aceite y agua. En la formulación de este particular desmaquillante usaron como tensioactivo polioxietileno (20) octildodecil éter (16,0 %), como poliol glicerina (16,8 %), como aceite al tris-(2-etilhexil)-glicérido (TGO) (60,0 %) y agua (7,2 %). En el momento en que se aplica, el desmaquillante es una emulsión líquido-cristalina del tipo aceite en cristal líquido laminar, pero, al evaporarse parte del agua en la piel, la emulsión se invierte y queda el aceite como fase externa, que facilita la disolución de la suciedad de la piel. Al lavar la piel con agua, la emulsión cristal líquido en aceite pasa sucesivamente a cristal líquido, luego a emulsión aceite en cristal líquido y, finalmente, a emulsión aceite en agua de baja viscosidad, lo que facilita la eliminación de la grasitud, que forma parte de la fase dispersa.

Bibliografía

ECCLESTON, G. M. 1990. Multiple-phase oil-in-water emulsions. Journal of the Society of Cosmetic Chemists, 41: 1-22.

ENGELS, T., VON RYBINSKI, W. 1999. Liquid crystalline surfactant phases in chemical applications. Henkel-Referate, 35: 38-46.

FRIBERG, S. 1971. Liquid crystalline phases in emulsions. Journal of Colloid and Interface Science, 37 (2): 291-295.

PASQUALI, R. C. 2006. "Estructuras líquido cristalinas y sus aplicaciones farmacéuticas y cosméticas". Tesis doctoral, Facultad de Farmacia y Bioquímica, Universidad de Buenos Aires, 191 pp.

PASQUALI, R. C., BREGNI, C. 2006. Emulsiones líquido-cristalinas estabilizadas con estearato de trietanolamina y ácido esteárico: Influencia del método de preparación en las propiedades y en la formación de gotas secundarias. Ars Pharmaceutica, 47 (2): 219-237.

SUZUKI, T. 1998a. Application of lyotropic liquid crystals to cosmetics. Ekisho, 2 (3): 24-31.

SUZUKI, T., NAKAMURA, M., SUMIDA, H., SHIGETA, A. 1992. Liquid crystal make-up remover: Conditions of formation and its cleansing mechanisms. Journal of the Society of Cosmetic Chemists, 43: 21-36.

SUZUKI T, TSUTSUMI H, ISHIDA A.1984. Secondary droplet emulsion: mechanism and effects of liquid crystal formation in o/w emulsion. Journal of Dispersion Science and Technology, 5 (2): 119-141.

SUZUKI, T., TAKEI, H., YAMAZAKI, S. 1989. Formation of fine three-phase emulsions by the liquid crystal emulsification method with arginine â-branched monoalkyl phosphate. Journal of Colloid and Interface Science, 129 (2): 491-500.

VI

LIBERACIÓN SOSTENIDA DE PRINCIPIOS ACTIVOS

Debido a sus altas viscosidades y capacidad para disolver tanto drogas hidrosolubles como liposolubles, los CRISTALES LÍQUIDOS liotrópicos resultan adecuados como sistemas de liberación sostenida de principios activos. Las drogas liposolubles se alojan entre las cadenas hidrocarbonadas y las hidrosolubes en la zona polar.

El sistema más estudiado con este fin es el formado por monooleato de glicerilo (monooleína) y agua que, a la temperatura del cuerpo humano, presenta la fase laminar y, a mayor dilución, la fase cúbica bicontinua inversa Ia3d (Q^{230}) y, luego, la Pn3m (Q^{224}) (Figura 6.1). La alta viscosidad de la fase cúbica formada *in situ* al ponerse en contacto el monooleato de glicerilo con el agua de las mucosas la hace adecuada para medicamentos bioadhesivos. La formación de geles cúbicos *in situ* también se utiliza para la liberación sostenida periodontal de antibióticos: se inyecta la fase laminar del monooleato de glicerilo que posee incorporado el antibiótico en el saco periodontal, donde absorbe agua y se transforma en la fase cúbica, que libera la droga lentamente (Shah, Sadhale y Chilukuri, 2001).

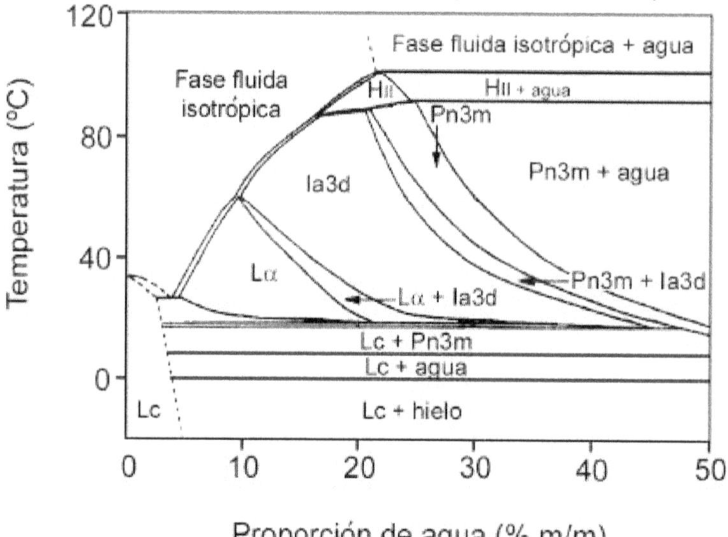

Figura 6.1. Diagrama de fases del sistema monooleato de glicerilo-agua. Lc es un cristal laminar y H_{II} es la fase hexagonal inversa (modificado de Qiu y Caffrey, 2000).

Ensayos para evaluar la absorción percutánea

Uno de los "modelos" que fueron usados para simular a la piel en los ensayos de absorción percutánea son hidrogeles de agar. Este tipo de gel fue usado para estudiar la liberación de agentes antimicrobianos desde varias pomadas y emulsiones (Lockie y Sprowls, 1951). Sin embargo, los datos obtenidos en estos ensayos, en los que se simulaba a la piel por un medio acuoso, resultan inadecuados debido a que la piel es relativamente impermeable al agua debido a la naturaleza lipídica del estrato córneo.

Uno de los primeros métodos utilizados para estudiar la penetración de grasas en la piel empleaba un colorante liposoluble para dar color a los glóbulos de grasa. La observación de los cortes histológicos permitían detectar la penetración de los glóbulos coloreados (Blank, 1960). Una modificación del método utilizaba un material fluorescente en lugar de un colorante. De esta forma se estudió la penetración de la vitamina A y de algunos hidrocarburos, tal como el bencipreno, que son fluorescentes (Blank, 1960). Uno de los inconvenientes de esta técnica se debía a la interferencia de algunos de los componentes de la piel que también son fluorescentes.

En la década de 1950 se hizo popular el empleo de trazadores radiactivos para evaluar la penetración dérmica (Malkinson, 1956). Este método se utilizó, por ejemplo, para evaluar la penetración del sulfato de laurilo sintetizado con azufre 35, un emisor de radiación beta negativa (Seelmann-Eggebert *et al.*, 1981). La medición de la actividad después de aplicada esta sustancia cuantificaba su penetración en la pie (Blank,1960). También se avaluó la absorción de distintas sustancias por medio del autorradiografiado. Así, por ejemplo, en 1951 Witten y colaboradores aplicaron una solución acuosa de cloruro de torio contenida en distintos vehículos a un área de piel de 5 milímetros cuadrados y sellaron el sitio de aplicación durante uno a siete días. Las autorradiografías preparadas de secciones obtenidas por biopsia mostraban una actividad alfa significativa en las capas de células de Malpighi y las basales de la epidermis, así como en los folículos pilosos y las paredes foliculares, en los conductos y glándulas sudoríparos (Malkinson, 1956).

Otros métodos que se utilizaron para cuantificar la penetración de drogas fueron la detección de ciertas reacciones fisiológicas, tales como aparición de ronchas, vasodilatación y anestesia, y el análisis de tejidos (Blank,1960).

Una forma de medir la difusión a través de piel aislada es colocarla sobre un recipiente completamente lleno con una solución isotónica, aplicar la sustancia a ensayar sobre la superficie de la piel y medir el progresivo aumento de la concentración de la sustancia en la solución (Figura 6.2). En la década de 1950 se realizó este tipo de ensayos usando trazadores radiactivos; la concentración de la sustancia difundida se medía continuamente mediante un contador de Geiger-Müller colocado en la base de la celda de difusión (Ainsworth, 1960).

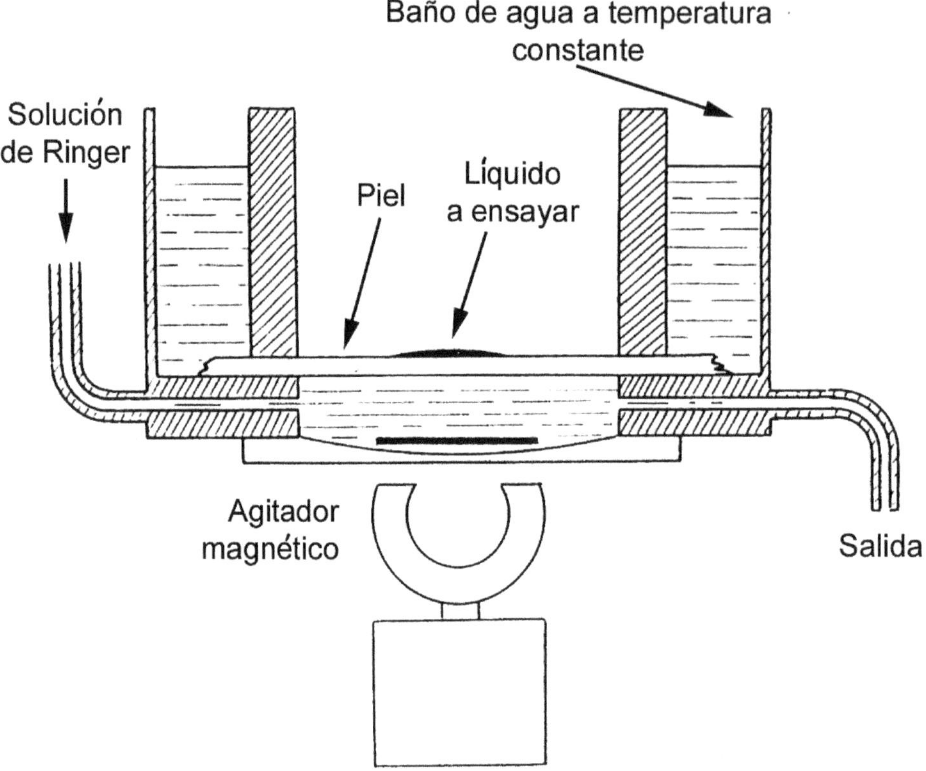

Figura 6.2. Esquema de una celda de difusión utilizada en la década de 1950 (modificado de Ainsworth, 1960).

En 1975, Thomas J. Franz, estudió la absorción percutánea de doce sustancias orgánicas en piel humana del abdomen obtenida por autopsia. De estas doce sustancias se conocían las curvas que representaban sus velocidades de absorción en función del tiempo en ensayos *in vivo*. Antes de usar la piel extrajo toda la grasa subcutánea mediante un bisturí. Cada pieza de piel fue montada en una cámara especial de vidrio, apoyada en un anillo, de forma tal que la epidermis quedaba expuesta a las condiciones ambientales del laboratorio y la dermis era bañada por una solución que era 140 mM en cloruro de sodio, 0,1 mM en piritiona sódica (germicida), 0,4 mM en fosfato diácido de potasio y 2,0 mM en fosfato monoácido de potasio, con un pH igual a 7,4. La agitación se realizaba mediante una pequeña barra magnética y la temperatura de la solución receptora se mantenía a 37 ± 0,5 ºC mediante la circulación de agua por una camisa que envolvía la cámara receptora (6.3). El ensayo se iniciaba agregando a la superficie de la epidermis 10 $\mu L/cm^2$ de una solución en acetona de la sustancia a ensayar, que estaba marcada con un isótopo radiactivo de forma tal que la actividad era superior a $7{,}4 \times 10^{10}$ Bq/mol. Las doce sustancias que ensayó Franz fueron ácido acetilsalicílico, ácido benzoico, cafeína, cloranfenicol, dinitroclorobenceno, ácido hipúrico, nicotinamida, ácido nicotínico, fenol, ácido salicílico, tiourea y urea.

La importancia de los ensayos realizados por Franz se debe a que fue el primer estudio que se realizó para relacionar a las velocidades de absorción en un método *in vitro* con aquéllos obtenidos *in vivo* por otros autores. Las curvas de la velocidad de absorción de una cierta sustancia en función del tiempo que obtuvo Franz tenían la misma forma que las curvas de absorción de los ensayos *in vivo.* En la Figura 6.4 se muestra la curva de velocidad de absorción para la cafeína publicada por Franz.

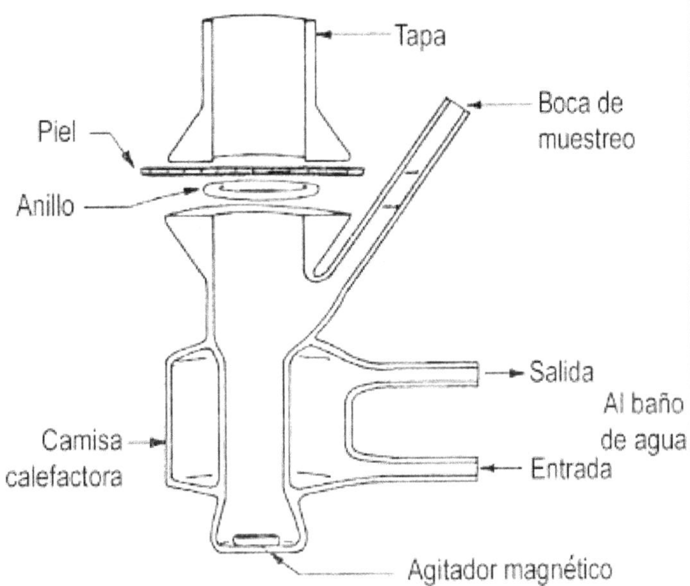

Figura 6.3. Celda de Franz (modificado de Franz, 1975).

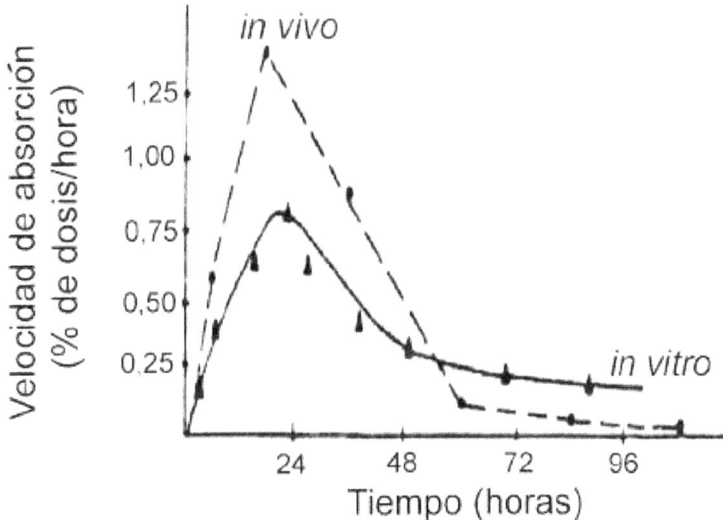

Figura 6.4. Comparación de las velocidades de absorción de la cafeína en ensayos *in vivo* e *in vitro* (modificado de Franz, 1975).

Composición y estructura del estrato córneo

La capa exterior de la piel, el estrato córneo, es la barrera que limita la velocidad de absorción del agua y la mayor parte de las drogas (van Hal *et al.*, 1996) y, además, limita la evaporación del agua en la piel (Bouwstra, Gooris y Ponec, 2002; Wertz, 2000). El estrato córneo, que tiene un espesor de unos 10 micrómetros (Engström *et al.*, 2000), consiste de células muertas ricas en queratina –los corneocitos– rodeadas de una matriz de lípidos altamente ordenados en multicapas (Madison *et al.*, 1987) que están alineados aproximadamente en forma paralela a la superficie de los corneocitos (Bouwstra, Gooris y Ponec, 2002).

Ciertos estudios de transporte a escala microscópica demostraron que la matriz lipídica limita la velocidad con que ciertas drogas atraviesan el estrato córneo (Boddé *et al.*, 1991; Meuwissen *et al.*, 1998; Talreja *et al.*, 2001). A diferencia de las membranas biológicas, el estrato córneo está desprovisto de fosfolípidos y los principales constituyentes son (Tabla 6.1) las ceramidas (de las que se conocen nueve clases), colesterol y ácidos grasos (Jager *et al.*, 2003; Moore y Rerek, 2000). En menor proporción se encuentran los ésteres del colesterol, triglicéridos y sulfato de colesterilo (Wertz, 1996; Glombitza y Müller-Goymann, 2002). El sulfato de colesterilo interviene en la regulación del proceso de escamación en el estrato córneo (Sato *et al.*, 1998).

Componte	Proporción (%)
Ceramidas	50
Colesterol	25
Ácidos grasos libres	10
Otros componentes (sulfato de colesterilo y otros ésteres del colesterol)	15

Tabla 6.1. Composición aproximada de la matriz lipídica del estrato córneo (Wertz, 2000).

Observadas al microscopio electrónico, las multicapas poseen un inusual patrón que se repite varias veces y que consiste en de una banda delgada entre dos bandas anchas (Bouwstra *et al.*, 1996 y 2002). Los estudios de difracción de rayos X demostraron que los lípidos del estrato córneo se encuentran en forma de dos fases laminares: una con una periodicidad de unos 6 nm (fase de periodicidad corta) y otra de unos 13 nm (fase de periodicidad larga) (Bouwstra *et al.*, 1991). La fase con periodicidad larga es muy importante en lo que respecta a las propiedades de barrera de la piel (Bouwstra *et al.*, 2002).

Las moléculas de las ceramidas y de los ácidos grasos poseen una forma aproximadamente cilíndrica. Esta particularidad hace que sean adecuadas para formar dominios altamente ordenados de la fase gel. La fase gel (L_β) es menos fluida y menos permeable que la fase laminar líquido cristalina (L_α). El colesterol presente en los lípidos del estrato córneo posiblemente otorga un cierto grado de fluidez (Wertz, 2000).

El "modelo sandwich"

Joke Buowstra y colaboradores (2000), de la *Universiteit Leiden*, propusieron un modelo para la matriz lipídica del estrato córneo, al que denominaron "modelo sandwich", que consiste de una capa lipídica central, angosta y con dominios fluidos, entre dos capas anchas y cristalinas (Figura 6.5).

Con mezclas equimoleculares de ceramidas del estrato córneo humano y colesterol, Bouwstra y sus colaboradores (2001) observaron que la mayor parte de esta mezcla forma una fase laminar con una periodicidad de 12,8 nm (fase de periodicidad larga). Sólo una pequeña fracción de estos lípidos forma la fase de periodicidad corta, con un espaciado de aproximadamente 5,5 nm. El agregado de ácidos grasos libres favorece la formación de una fase de periodicidad corta y en el difractograma se observa una atenuación de los picos que corresponden a la fase de periodicidad larga. En ausencia de ácidos grasos libres, los ensayos de difracción de rayos X muestran un ordenamiento lateral hexagonal. El agregado de ácidos grasos libres induce una transición desde un acomodamiento lateral hexagonal a ortorrómbico y se detecta la presencia de una fase líquido.

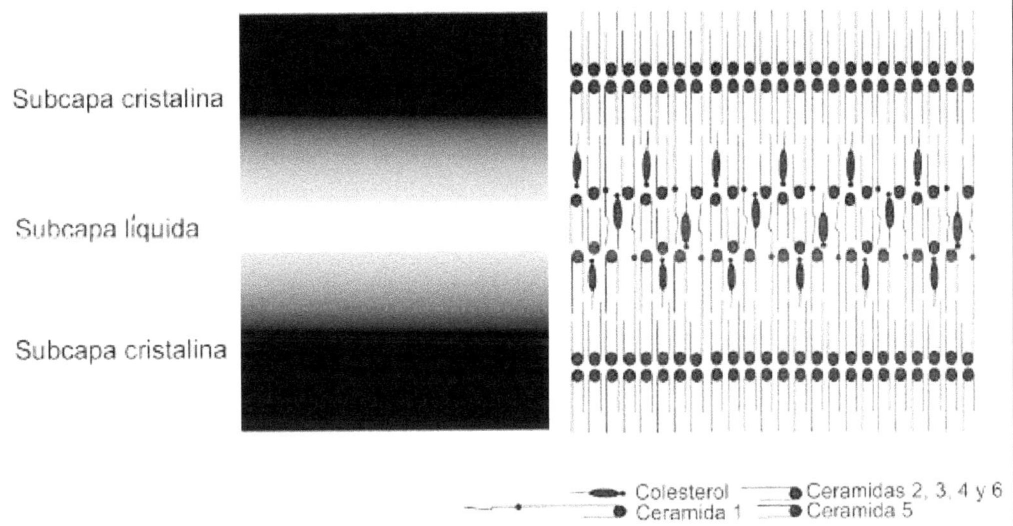

Figura 6.5. Modelo sandwich (modificado de Bouwstra, 2000).

Ensayos *in vitro* con membranas que imitan la composición de la matriz lipídica del estrato córneo

En los ensayos *in vitro* que simulan la absorción percutánea de principios activos se emplean diferentes tipos de membranas, tales como piel humana, de animales, y materiales sintéticos hidrofílicos y lipofílicos, ya sea solos o impregnados con sustancias liposolubles.

Iwai, Fukasawa y Suzuki (1998) formularon una emulsión cosmética que contenía una mezcla artificial de lípidos, formada por una pseudoceramida, colesterol y ácido esteárico, que imitaba a los del estrato córneo.

Glombitza (2001) realizó estudios de penetración *in vitro* de diclofenac sódico impregnando con distintas mezclas de ceramidas, ácidos grasos y colesterol a membranas hidrofóbicas de poli(tetraflúoretileno) (PTFE), poli(difluoruro de vinilideno) (PVDF) y de siliconas.

Jager (2006) utilizó una mezcla de lípidos muy similar a la de la matriz lipídica del estrato córneo que aplicó sobre membranas hidrofílicas de policarbonato para estudiar la penetración de ácido *para*-aminobenzoico, *para*-aminibenzoato de etilo y *para*-aminobenzoato de butilo. Las curvas de absorción que obtuvo Jager con esa mezcla de lípidos eran similares a las que observó con la extraída del estrato córneo humano.

Pasquali (2006) evaluó dos sistemas líquido-cristalinos liotrópicos para la liberación sostenida de cafeína en ensayos *in vitro*: uno formado por una mezcla de Poloxamer 407 y agua, que presenta la fase cúbica micelar normal, y otro constituido por alcohol oleílico con 10 moles de óxido de etileno y agua, que posee una estructura hexagonal normal. El Poloxamer 407 es un tensioactivo del tipo de los copolímeros en bloque que tiene una fórmula media $OE_{100}OP_{70}OE_{100}$, donde OE es una unidad de óxido de etileno y OP de óxido de propileno En el ensayo de difusión usó membranas de poli(difluoruro de vinilideno) impregnadas con una mezcla de lípidos que simulan la composición de la matriz lipídica del estrato córneo. La simulación la realizó con cantidades equimoleculares de ceramida 3, colesterol y ácido palmítico. A temperatura ambiente, los sistemas formados por Poloxamer 407 y agua presentan dos fases líquido –cristalinas liotrópicas: la cúbica micelar normal (18 a 64 % de copolímero) y la hexagonal normal (66 a 75 % de copolímero) (Ivanova, Lindman y Alexandridis, 2000). Los sistemas formados por alcohol oleílico con 10 moles de óxido de etileno (Oleth-10) y agua presentan las fases liotrópicas hexagonal normal (33 a 63 % de tensioactivo) y laminar (67 a 83 % de tensioactivo) (Wang *et al.*, 2005); la fase hexagonal normal fue incorrectamente atribuida como laminar por Makai y colaboradores (2003). Pasquali comparó la difusión de la cafeína vehiculizada en estos dos sistemas dadores con la de la vehiculizada eb un hidrogel de un poloxámero y una emulsión del tipo agua en aceite (Figura 6.6).

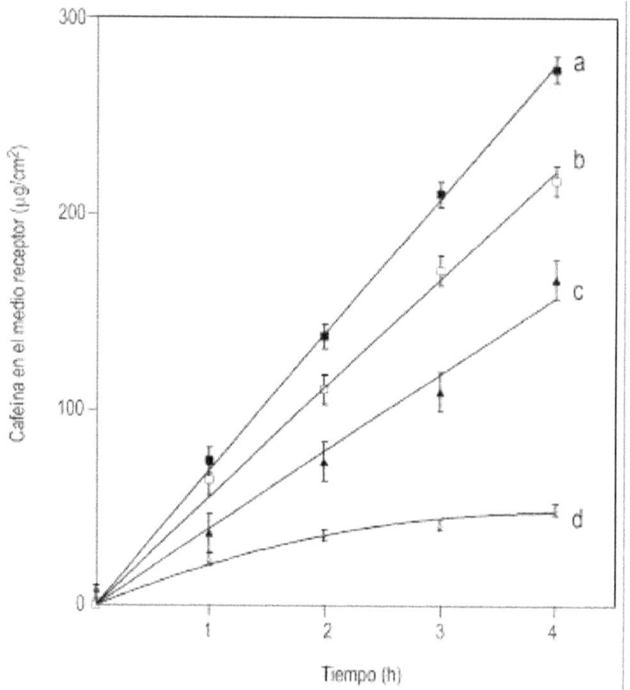

Figura 6.6. Liberación de cafeína al medio receptor:
(a) Hidrogel, (b) fase hexagonal normal, (c) fase cúbica, (d) emulsión w/o.

Las liberaciones de cafeína contenida en el hidrogel, la fase hexagonal normal y la fase cúbica micelar siguen una cinética de orden cero, mientras que para la emulsión de agua en aceite, la liberación de cafeína al medio receptor sigue la cinética propuesta por Takeru Higuchi (1960, 1961) para partículas sólidas suspendidas en pomadas, en la cual la cantidad de sustancia absorbida por el medio receptor es proporcional a la raíz cuadrada del tiempo. La liberación de cafeína de los sistemas líquido cristalinos fue superior a la de la emulsión e inferior al hidrogel. La alta capacidad de penetración del hidrogel se podría atribuir a que el propilenglicol que contiene actuaría como un potenciador de la penetración dérmica (Bendas, Neubert y Wohlrab, 1995).

Bibliografía

AINSWORTH, M. 1960. Methods for measuring percutaneous absorption. The Journal of the Society of Cosmetic Chemists, 11: 69-78.

BENDAS, B., NEUBERT, R., WOHLRAB, W. 1995. "Propylene glycol", en Smith, E. W., Maibach, H. I. (editores). Percutaneous penetration enhancers, CRC Press, pp. 61-77.

BLANK, I. H. 1960. Percutaneous absortion. Statement of problem and critical review of past methods. The Journal of the Society of Cosmetic Chemists, 11: 59-68.

BODDÉ, H.E., VAN DEN BRINK, I., KOERTEN, H. K., DE HAAN, F. H. N. 1991. Visualization of in vitro percutaneous penetration of mercuric chloride transport through intercellular space versus cellular uptake through desmosomes. Journal of Control.Release, 15: 227-236.

BOUWSTRA, J. A., DUBBELAAR, F. E. R., GOORIS, G. S., PONEC, M. 2000. The lipid organization in the skin barrier. Acta Dermato Venereologica, Supp. 208: 23-30.

BOUWSTRA, J. A., GOORIS, G. S.,CHENG, K., WEERHEIM, A., BRAS, W., PONEC, M. 1996. Phase behavior of isolated skin lipids. Journal of Lipid Research, 37: 999-1011.

BOUWSTRA, J. A., GOORIS, G. S., DUBBELAAR, E. R., PONEC, M. 2001. Phase behavior of lipid mixtures based on human ceramides: coexistence of crystalline and liquid phases. Journal of Lipid Research, 42: 1759-1770.

BOUWSTRA, J. A., GOORIS, G. S., DUBBELAAR, E. R., PONEC, M. 2002. Phase behavior of stratum corneum lipid mixtures based on human ceramides: The role of natural and synthetic ceramide 1. The Journal of Investigative Dermatology, 118 (4): 606-617.

BOUWSTRA, J., GOORIS, G., PONEC, M. 2002. The lipid organization of the skin barrier: Liquid and crystalline domains coex ist in lamellar phases. Journal of Biological Physics, 28: 211-223.

BOUWSTRA, J. A., GOORIS, G. S., VAN DER SPEK, J. A., BRAS, W. 1991. Structural investigations of human stratum corneum by small-angle X-ray scattering. The Journal of Investigative Dermatology, 97 (6): 1005-1012.

ENGSTRÖM, S.; EKELUND, K., ENGBLOM, J., ERIKSSON, L., SPARR, E., WENNERSTRÖM, H. 2000. The skin barrier from a lipid perspective. Acta Dermato Venereologica, Supp. 208: 31-35.

FRANZ, T. J. 1975. Percutaneous absortion. On the relevance of in vitro data. The Journal of Investigative Dermatology, 64 (3): 190-195.

GLOMBITZA, B., 2001. "Lipidsysteme als Stratum corneum Modelle Charakterisierung und Eignung für Permeationsuntersuchungen". Von der Gemeinsamen Naturwissenschaftlichen Fakultät der Technischen Universität Carolo-Wilhelmina zu Braunschweig zur Erlangung des Grades einer Doktorin der Naturwissenschaften (Dr. rer. nat.) genehmigte Dissertation., Druckjahr.

GLOMBITZA, B., MÜLLER-GOYMANN, C.C. 2002. Influence of different ceramides on the structure of in vitro model lipid systems of the stratum corneum lipid matrix. Chemistry and Physics of Lipids, 117: 29-44.

HIGUCHI, T. 1960. Physical chemical analysis of percutaneous absortion process from creams and ointments. The Journal of the Society of Cosmetic Chemists, 11: 85-97.

HIGUCHI, T. 1961. Rate of release of medicaments from ointment bases containing drugs in suspension. Journal of Pharmaceutical Sciences, 50 (10): 874-875.

IVANOVA, R., LINDMAN, B., ALEXANDRIDIS, P. 2000. Evolution in structural polymorphism of Pluronic F127 poly(ethylene oxide)-poly(propylene oxide) block copolymer in ternary systems with water and pharmaceutically aceptable organic solvents: From "glycols" to "oils". Langmuir, 16 (23): 9058-9069.

IWAI, H., FUKASAWA, J., SUZUKI, T. 1998. A liquid crystal application in skin care cosmetics. International Journal of Cosmetic Science, 20: 87-102.

JAGER, M.W. de, 2006. Development of a stratum corneum substitute for in vitro percutaneous penetration studies. A skin barrier model comprising synthetic stratum corneum lipids. Doctoral thesis, Universiteit Leiden.

JAGER, M.W. DE, GOORIS, G. S., DOLBNYA, I. P, BRAS, W., PONEC, M., BOUWSTRA, J. A. 2003. The phase behaviour of skin lipid mixtures based on synthetic ceramides. Chemistry and Physics of Lipids, 124: 123-134.

LOCKIE, L. D., SPROWLS, J. B. 1951. Further studies on the diffusion of iodine and sulfathiazole from ointments. Journal of the American Association Scientific Edition, 40 (2): 72-76.

MADISON, K. C., SWARTZENDRUBER, D. C., WERTZ, P. W., DOWNING, D. T. 1987. Presence of intact intercellular lipid lamellae in the upper layers of the stratum corneum. Journal of Investigative Dermatology, 88: 714-718.

MAKAI, M., CSÁNYI, E., NÉMETH, ZS., PÁLINKÁS, J., ERÕS, I. 2003. Structure and drug release of lamellar liquid crystals containing glycerol. International Journal of Pharmaceutics, 256: 95-107.

MALKINSON, F. D. 1956. Radioisotope techniques in the study of percutaneous absortion. Journal of the Society of Cosmetic Chemists, 7: 109-122.

MEUWISSEN, M. E. M. J., JANSSEN, J., CULLANDER, C., JUNGINGER, H. E., BOUWSTRA, J. A. 1998. A cross-section device to improve visualization of □uorescent probe penetration into the skin by confocal laser scanning microscopy. Pharmaceutical Research, 15: 352-356.

MOORE, D. J., REREK, M. E. 2000. Insights into the molecular organization of lipids in the skin barrier from infrared spectroscopy studies of stratum corneum lipid models. Acta Dermato Venereologica, Supp. 208: 16-22.

PASQUALI, R. C. 2006. "Estructuras líquido cristalinas y sus aplicaciones farmacéuticas y cosméticas". Tesis doctoral, Facultad de Farmacia y Bioquímica, Universidad de Buenos Aires, 191 pp.

QIU, H., Y CAFFREY, M. 2000. The phase diagram of the monoolein/water system: metastability and equilibrium aspects. Biomaterials, 21: 223-234.

SATO, J., DENDA, M., NAKANISHI, J., NOMURA, J., KOYAMA, J. 1998. Cholesterol sulphate inhibits proteases that involved in desquamation of stratum corneum. The Journal of Investigative Dermatology, 111: 189-193.

SEELMANN-EGGEBERT, PFENNIG, G., MÜNZEL, H., KLEWE-NEBENIUS, H. 1981. "Nuklidkarte". Kernforschungszentrum Karlsruhe GmbH, Alemania.

SHAH, J. C., SADHALE, Y., CHILUKURI, D. M. 2001. Cubic phase gels as drug delivery systems. Advanced Drug Delivery Reviews, 47: 229-250.

TALREJA, P. S., KASTING, G. B., KLEENE, N. K., PICKENS W. L., WANG T. F. 2001. Visualization of the lipid barrier and measurement of lipid pathlength in human stratum corneum. AAPS Pharmaceutical Science E13.

VAN HAL, D. A., JEREMIASSE, E., JUNGINGER, H. E., SPIES, F., BOUWSTRA, J. 1996. Structure of fully hydrated human stratum corneum: A freeze-fracture electron microscopy study. The Journal of Investigative Dermatology, 106 (1): 89-95.

WANG, Z., LIU, F., GAO, Y., ZHUANG, W., XU, L., HAN, B., LI, G., ZHANG, G. 2005. Hexagonal liquid crystalline phases formed in ternary systems of Brij 97-water-ionic liquids. Langmuir, 21 (11): 4931-4937.

WERTZ, P. W. 1996. The nature of the epidermal barrier: biochemical aspects. Advanced Drug Delivery Reviews, 18: 283-294.

WERTZ, P. W. 2000. Lipids and barrier function of the skin. Acta Dermato Venereologica, Supp. 208: 7-11.

Acerca del Autor

Ricardo Conrado Pasquali es Doctor de la Universidad de Buenos Aires en el Área Tecnología Farmacéutica e Ingeniero Químico egresado de la Universidad Tecnológica Nacional. Se desempeña como docente en el Departamento Tecnología Farmacéutica en la Facultad de Farmacia y Bioquímica de la Universidad de Buenos Aires y realiza tareas de investigación en cristales líquidos liotrópicos, emulsiones y geles.

La presente edición de *Cristales Líquidos. Aplicaciones farmacéuticas y cosméticas* se terminó de imprimir en JORGE SARMIENTO EDITOR – UNIVERSITAS LIBROS en el mes de marzo de 2020.

Jorge Sarmiento Editor

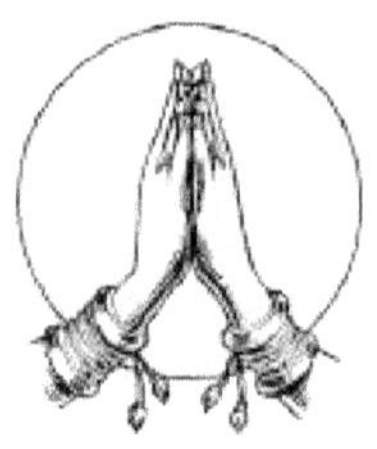

Universitaslibros

Impreso en Córdoba - Argentina ॐ 2020 ॐ

JORGE SARMIENTO EDITOR - UNIVERSITAS LIBROS

www.ingramcontent.com/pod-product-compliance
Ingram Content Group UK Ltd.
Pitfield, Milton Keynes, MK11 3LW, UK
UKHW061829190726
13853UKWH00009B/2510

9 789875 728080